Pythonで動かして学ぶ
自然言語処理入門

柳井 孝介・庄司 美沙 [著]

SHOEISHA

本書内容に関するお問い合わせについて

このたびは翔泳社の書籍をお買い上げいただき、誠にありがとうございます。弊社では、読者の皆様からのお問い合わせに適切に対応させていただくため、以下のガイドラインへのご協力をお願い致しております。下記項目をお読みいただき、手順に従ってお問い合わせください。

●ご質問される前に

弊社Webサイトの「正誤表」をご参照ください。これまでに判明した正誤や追加情報を掲載しています。

　　　　正誤表　　https://www.shoeisha.co.jp/book/errata/

●ご質問方法

弊社Webサイトの「刊行物Q&A」をご利用ください。

　　　　刊行物Q&A　　https://www.shoeisha.co.jp/book/qa/

インターネットをご利用でない場合は、FAXまたは郵便にて、下記"翔泳社 愛読者サービスセンター"までお問い合わせください。
電話でのご質問は、お受けしておりません。

●回答について

回答は、ご質問いただいた手段によってご返事申し上げます。ご質問の内容によっては、回答に数日ないしはそれ以上の期間を要する場合があります。

●ご質問に際してのご注意

本書の対象を越えるもの、記述個所を特定されないもの、また読者固有の環境に起因するご質問等にはお答えできませんので、予めご了承ください。

●郵便物送付先およびFAX番号

送付先住所　　〒160-0006　東京都新宿区舟町5
FAX番号　　　03-5362-3818
宛先　　　　　（株）翔泳社 愛読者サービスセンター

※本書に記載されたURL等は予告なく変更される場合があります。
※本書の出版にあたっては正確な記述につとめましたが、著者や出版社などのいずれも、本書の内容に対してなんらかの保証をするものではなく、内容やサンプルに基づくいかなる運用結果に関してもいっさいの責任を負いません。
※本書に掲載されているサンプルプログラムやスクリプト、および実行結果を記した画面イメージなどは、特定の設定に基づいた環境にて再現される一例です。
※本書に記載されている会社名、製品名はそれぞれ各社の商標および登録商標です。

はじめに

　本書では、プログラムを作って、動かしながら自然言語処理を学びます。自然言語処理の理論や仕組みではなく、自然言語処理を使ってWebアプリケーションを開発するにはどうしたらよいかに焦点を当てていきます。

　Webアプリケーション、ということに心配されているかもしれません。しかし、最近はとても簡単にWebアプリケーションが開発できるようになっており、今までWebアプリケーションを作ったことがない方でも、本書だけを読めば、問題なく作れるはずです。

　読者の方には、実際にプログラムを書きつつ本書を読み進めながら、「自然言語処理をどのように使えば身の回りの業務や生活に役立つか」を考えていただければと思っています。

著者

本書について

　本書は、Pythonでプログラミングをした経験のある読者が、各種オープンソースソフトウェア（OSS）やライブラリを利用して、自然言語処理を行うWebアプリケーションを作って動かし、自然言語処理を体験するための書籍です。またその中で、自然言語処理に関連するさまざまな概念や手法、簡単な理論についても学ぶことができ、本格的な学習の前段階としても最適です。

本書の構成

　本書の構成としては大きく3つの部に分かれており、それぞれ以下のような内容を解説しています。

第1部：データの準備
- テキストデータの収集
- データベースへの格納
- 検索エンジンへの登録

第2部：データの解析
- 文法構造を調べる
- 意味づけ
- 知識データとの連携

第3部：データの活用
- テキスト分類
- 情報抽出

　全13章を順に追いながらWebアプリケーションを作っていくことで、自然言語処理に関連するさまざまなテーマを学ぶことができます。

本書の対象

　本書ではPythonプログラミング経験者を対象としているため、Pythonについての文法

的な解説などはありませんが、比較的簡単な言語であり、またサンプルプログラム自体も簡潔なものになっているため、各種リファレンスや書籍を参考にしながら、プログラムを理解することは可能です。

付属データについて

本書の付属データ（サンプルプログラム）は、以下のサイトからダウンロードできます。

URL https://www.shoeisha.co.jp/book/download/9784798156668

付属データのファイルは圧縮されています。ダウンロードしたファイルを解凍し、ご利用ください。なお、使用するライブラリ・OSSのバージョンによってはWarningやエラーが出る可能性があります。Warningについては無視していただくこともできますが、エラーが出る場合は各種ライブラリ・OSSのバージョンを本書中のものにしていただく必要があります。

著作権・免責事項など

付属データに関する権利は、著者および株式会社翔泳社が所有しています。許可なく配布したり、Webサイトなどに転載することはできません。また、付属データの提供は予告なく終了することがあります。あらかじめご了承ください。

付属データの提供にあたっては正確な記述につとめましたが、著者や出版社などのいずれも、その内容に対してなんらかの保証をするものではなく、内容やサンプルにもとづくいかなる運用結果に関してもいっさいの責任を負いません。

動作環境

本書のプログラムは、以下の環境で動作を確認しています。

- OS：Windows 10 64ビット版（バージョン1803）
- Windows Subsystem for Linux 上のLinux：Ubuntu 18.04.1 LTS
- Python：3.6.7

目次

はじめに III
本書について IV

第0章 自然言語処理とは　　　　　　　　　　　　　　　　　　　XIII

第1部　データを準備しよう　　　　　　　　　　　　　　　　　　1

第1章 実行環境を整えよう　　　　　　　　　　　　　　　　　　　2

1.1 実行環境の概要 2
OS環境はLinux 2
1.2 実行環境の構成 3
1.3 Windows 10にUbuntuをインストールする 4
1.4 Linuxコマンドの使い方 8
補完機能を使おう 8
作業フォルダーを準備する 10
1.5 Ubuntuへのソフトウェアのインストール方法 11
pipのインストール 12
1.6 Pythonプログラムを実行してみる 13

第2章 テキストデータを収集しよう　　　　　　　　　　　　　　16

2.1 データ収集とは 16
2.2 Webページのスクレイピング 18
HTMLのソースコードを覗いてみる 18
HTMLファイルの取得とrobots.txt 21

　　　　　文字コードに注意しよう 22
　　　　　文字コードを変換しながらWebページを取得する 24
　2.3　テキストデータを抽出する 26
　　　　　Beautiful Soup 27
　2.4　テキストデータのクレンジング 28
　2.5　データ収集のプログラム 29

第3章 データベースに格納しよう　　　　　　　　　　　　32

　3.1　データベースを使った検索エンジン 32
　3.2　データベースと検索エンジンの用途 33
　　　　　データベースを使うメリット 33
　3.3　データベースを使ってみる 34
　　　　　Wikipediaのページのダウンロード 34
　　　　　SQLiteを使う 35
　　　　　SQL 36
　　　　　テーブルの作成 36
　　　　　データベースにデータを格納する 38
　　　　　データベースの内容を表示する 40
　3.4　Solrの設定とデータ登録 41
　　　　　ダイナミックフィールド 41
　　　　　Solrをインストールする 42
　　　　　コアを作成する 44
　　　　　データを登録する 45
　3.5　Solrを使った検索 48
　　　　　AND/ORを使ったクエリ 48
　　　　　複雑なクエリ 48
　　　　　クエリを使ってみる 49

第2部　テキストデータを解析しよう　　　　　　　　51

第4章 構文解析をしよう　　　　　　　　　　　　　　　52

　4.1　構文解析とは 52

　　　　　日本語のテキストの特徴と形態素解析 53
　　　　　テキスト構造の解析方法 53
　4.2　構文解析の用途 54
　4.3　係り受け構造とは 54
　　　　　文節に区切る 55
　　　　　文節の修飾関係を考える 55
　4.4　CaboChaのセットアップ 56
　　　　　CRF++ のダウンロードとインストール 56
　　　　　MeCab のダウンロードとインストール 58
　　　　　CaboCha のダウンロードとインストール 59
　　　　　MeCab でよく現れる品詞 61
　4.5　PythonからCaboChaを呼び出そう 62
　　　　　Python からCaboCha を呼び出すプログラム 62
　　　　　実行してみる 63
　4.6　係り受け構造の解析結果のSQLiteへの格納 66
　　　　　文単位に分割する 66
　　　　　文、チャンク、トークン情報をSQLite に保存する 68
　　　　　保存されたテキストデータをCaboCha で解析する 69

第5章　テキストにアノテーションを付ける　　　74

　5.1　アノテーションとは 74
　5.2　アノテーションの用途 75
　5.3　アノテーションのデータ構造 76
　　　　　CaboCha による構文解析で現れたアノテーション 77
　5.4　正規表現のパターンによるテキストデータの解析 78
　　　　　正規表現の例 78
　　　　　正規表現のメリット・デメリット 78
　　　　　代表的な記法 79
　5.5　精度指標：RecallとPrecision 80
　5.6　アノテーションのSQLiteへの格納 81
　5.7　正規表現の改良 84
　5.8　チャンクを使わない抽出アルゴリズムを考える 85

第6章 アノテーションを可視化する　　86

- **6.1** アノテーションを表示するWebアプリ 86
- **6.2** アノテーションを可視化する必要性 87
- **6.3** アノテーションツール brat 87
  - bratのダウンロードとインストール 88
  - bratを立ち上げる 89
  - アノテーションデータをbrat形式に変換する 90
  - アノテーションデータをbratに読み込ませる 91
- **6.4** Webアプリケーション 94
  - 「はじめてのWeb アプリ」を作ってみよう 94
  - HTML ファイルを作成する 96
  - JavaScript プログラムを作成する 97
  - アクセスしてみる 98
- **6.5** bratをWebアプリケーションに組み込もう 100
- **6.6** SQLiteからアノテーションを取得して表示する 104

第7章 単語の頻度を数えよう　　110

- **7.1** テキストマイニングと単語の頻度 110
- **7.2** 統計的手法の用途 111
- **7.3** 単語の重要度とTF-IDF 111
  - TF-IDF 112
  - コーパス 112
  - TF-IDF を計算する 112
- **7.4** 文書間の類似度 115
  - コサイン類似度 115
  - 類似文書検索 115
  - Solrでの類似文書検索 117
- **7.5** 言語モデルとN-gram モデル 119
  - N-gram モデル 119
  - N-gramを計算するプログラム 121
  - 「日本語らしさ」を計算する 123
- **7.6** クラスタリングとLDA 126

第8章 知識データを活用しよう　132

- 8.1 知識データと辞書 ... 132
- 8.2 エンティティ ... 133
- 8.3 知識データを活用することでできること ... 134
- 8.4 SPARQLによるDBpediaからの情報の呼び出し ... 134
  - DBpediaから同義語を取得 ... 136
  - 類似度の計算 ... 141
  - 人口の値 ... 143
- 8.5 WordNetからの同義語・上位語の取得 ... 144
  - 上位語 ... 147
  - 下位語 ... 148
- 8.6 Word2Vecを用いた類語の取得 ... 149
  - アナロジーの計算 ... 153

第3部　テキストデータを活用するWebアプリケーションを作ろう　157

第9章 テキストを検索しよう　158

- 9.1 Solrを使った検索Webアプリケーション ... 158
- 9.2 検索の用途 ... 161
- 9.3 転置インデックス ... 162
- 9.4 プログラムからのSolrの検索 ... 163
- 9.5 Solrへのアノテーションデータの登録 ... 165
  - データをSolrに登録する ... 165
  - 文書単位で検索する ... 168
  - アノテーションを使って検索する ... 170
- 9.6 検索結果のWebアプリケーションでの表示 ... 171
  - HTMLファイル ... 171
  - JavaScriptのプログラム ... 172
  - サーバーサイドのプログラム ... 173
- 9.7 検索時の同義語展開 ... 175
- 9.8 アノテーションでの検索 ... 177

第10章 テキストを分類しよう　　180

- **10.1** テキスト分類とは 180
- **10.2** テキスト分類の用途 182
- **10.3** 特徴量と特徴量抽出 183
- **10.4** ルールベースによるテキスト分類 184
  - ルールベースでテキスト分類をするプログラム 185
  - 結果の精度を上げる 188
- **10.5** 教師あり学習によるテキスト分類 189
  - 教師あり学習とは 189
  - 学習データの作成 192
  - 学習 195
- **10.6** ディープラーニングによるテキスト分類 200
  - プログラムの作成 202
- **10.7** 分類結果のWebアプリケーションでの表示 207

第11章 評判分析をしよう　　212

- **11.1** 評判分析とは 212
- **11.2** 評判分析技術の用途 213
- **11.3** 辞書を用いた特徴量抽出 214
- **11.4** TRIEを用いた辞書内語句マッチ 218
- **11.5** 教師あり学習による評判分析 222
  - 学習データの作成 222
  - 学習 224
- **11.6** 評判分析の結果を表示するWebアプリケーション 227

第12章 テキストからの情報抽出　　232

- **12.1** 情報抽出とは 232
  - 関係抽出 234
- **12.2** 情報抽出技術の用途 235
- **12.3** 関係のアノテーション 236

12.4	正規表現を用いた関係抽出	237
12.5	係り受け構造を用いた関係抽出	241
12.6	抽出した関係をSolrに登録	248
12.7	抽出した関係を表示するWebアプリケーション	251

第13章 系列ラベリングに挑戦しよう　256

13.1	系列ラベリングとその特徴	256
13.2	系列ラベリングの用途	258
13.3	CRF（条件付き確率場）	258
	CRFの概念図	259
13.4	系列ラベリング用の学習データ	260
	アノテーションをもとにデータを出力する	261
	学習用データの作成	263
13.5	CRF++を用いた学習	264
13.6	CRF++の出力のアノテーションへの変換	266
13.7	CRF++で付けたアノテーションをSolrで検索する	269

付録　272

A.1	Wikipediaのダンプデータを使う	272
	ダンプデータのダウンロード	272
	テキストデータを取り出す	272
A.2	PDF、Wordファイル、Excelファイルを使う	275
	Apache Tikaを使う	275

おわりに	276
索引	281
謝辞	286

第0章

自然言語処理とは

Theme
- 自然言語処理
- 本書の流れ

　人間が日常で書いたり話したりする言語を**自然言語**といいます。つまり日本語や英語などが、自然言語に含まれます。その自然言語で書かれたテキストデータをコンピューターで扱うための技術を**自然言語処理**といいます。

　本書は、自然言語処理に

1. テキストデータの解析
2. 解析したテキストデータの活用

の2段階があると捉えて解説を進めていきます。

図0.1　自然言語処理のフェーズ

　1.のテキストデータの解析のフェーズでは、それぞれの単語の品詞や、文章が持っている文法構造を調べます。また正規表現のパターンや知識データなどを使って、名詞句に意味付けをします。

　2.の活用のフェーズでは、解析したテキストデータを使って、テキストの分類や情報の抜き出しなどを行います。

テキストデータの解析は、人工知能の観点でいえば、テキストデータの理解と捉えるとわかりやすいと思います。しかし単にテキストデータを理解しただけだと、何の役にも立ちません。「本を読んで理解した」といっているのと同じです。活用のフェーズで、テキストデータを解析して得た情報を上手く使ってアプリケーションにすることで、はじめて役に立つようになります。

> **Memo**
> ところで、「テキストデータの理解」というのは、コンピューター内でテキストデータがどういう状態にあることなのでしょうか。そのことを定義するのは、なかなか難しいテーマです。人工知能の研究分野でも議論がなされたことがあります。興味のある方は、インターネットで「ジョン・サール 中国語の部屋」などをキーワードにして検索してみるとよいでしょう。

　自然言語処理を使っていくときには、**精度**という概念に関して理解する必要があります。精度というのは、どのくらいコンピューターが正しく答えを返したかという指標で、人工知能分野全般で使われる概念です。

> **Memo**
> 例えば、問題が10あった場合、そのうち1つを間違えると精度は90%になります。

　残念ながら、現在の自然言語処理の技術レベルでは、コンピューターが100%正しく答えを返すことはできません。

　自然言語処理は、人間がやっても精度が100%にならないものが多いのが特徴です。例えば、「大きな黒い瞳の少女」という文があったとき、瞳が大きいのか、少女が大きいのか、読む人によって解釈が異なるかもしれません。このように人間が書く文章は、意味が曖昧なものもあるため、読む人によっても解釈が異なってきたり、コンピューターが間違った答えを出しやすくなったりします。

　本書は、あまり精度にはこだわらず、とにかく自然言語処理をいろいろ使ってみる、というスタンスで進めていきます。精度を上げる必要に迫られたときには、自然言語処理の理論や仕組みをより深く理解する必要があります。そのときには、

- 『入門 自然言語処理』（Steven Bird、Ewan Klein、Edward Loper 著、萩原 正人、中山 敬広、水野 貴明 訳、オライリージャパン 刊）
- 『自然言語処理の基本と技術』（奥野 陽、グラム・ニュービッグ、萩原 正人 著、小町 守 監修、イノウ 編集、翔泳社 刊）
- 『深層学習による自然言語処理』（坪井 祐太、海野 裕也、鈴木 潤 著、講談社 刊）

などの書籍が参考になります。

また、より直接的に精度を上げるためのテクニックを知りたいときは、ACL（Annual Meeting of the Association for Computational Linguistics）やColing（International Conference on Computational Linguistics）など自然言語処理の主要な学会の論文を調べてみるとよいと思います。

本書では、これらを事前に読んでいなくても、プログラムを動かしながら自然言語処理の使い方を学んでいけるようにしています。

0.1 本書のロードマップ

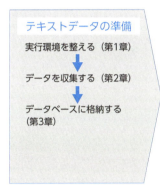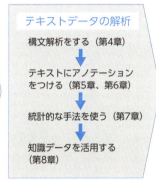

図0.2 本書で学んでいく順序

図0.2に、本書で自然言語処理を解説する順序を示します。最初に実行環境を整え、自然言語処理の対象となるテキストデータを収集します。次に、準備したテキストデータをデータベースに登録して、簡単にデータ管理や検索をできるようにします。続いて、テキストの文法的構造を解析したり、アノテーションと呼ばれる情報により名詞句の意味付けをしたりして、その結果をデータベースに書き込み、元のテキストデータをWebアプリケーションで扱いやすくしていきます。

> **Memo** アノテーションとはテキストデータに付与する注釈のようなデータで、第5章で詳しく説明します。

さらに、知識データとの連携をできるようにします。ここまでくれば、Webアプリケーションで使うデータの準備が整います。続いて、自然言語処理の技術を使いながら、実際にWebアプリケーションの形にしていきます。

第9章以降は、テキスト分類、情報抽出など、自然言語処理の技術名で章立てしており、それぞれの章で別々のWebアプリケーションを作っていきます。
　本書の全体像をつかみやすくするため、ロードマップをアーキテクチャの形にしたのが、図0.3です。

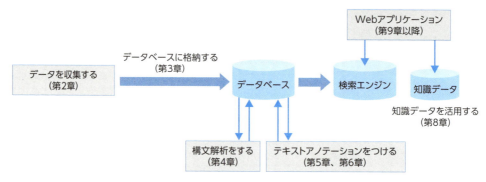

図0.3　本書で作るアプリケーションの概要

　本書では、テキストデータをファイルで置いておくのではなく、データベースで管理します。データベースを使うのは面倒だと感じる読者もいるかもしれませんが、実験的なプログラムではなく、アプリケーションを作っていく場合には、データベースを使ったほうが楽なのです。
　もちろんデータベースといっても、本書では簡単な使い方だけを紹介し、雰囲気を理解してもらうにとどめていますので心配は無用です。
　前置きが長くなりましたが、それでは、いよいよ実際に手を動かしながら、自然言語処理を始めてみましょう！

第1部

データを準備しよう

　はじめに、Webアプリケーションで使うテキストデータを準備していきましょう。
　自然言語処理では、テキストデータを集め、統一的に取り扱えるようにするまでに、かなりの労力を要します。
　第1部では、テキストデータの収集から始め、データベースに格納し、検索エンジンへ登録することで、検索できるようにしていきます。

第 1 章

実行環境を整えよう

Theme
- Windows 10 上での Linux OS Ubuntu 環境の構築
- Linux コマンドの使い方
- Ubuntu 上でのソフトウェアのインストール
- Python のプログラムの実行

1.1 実行環境の概要

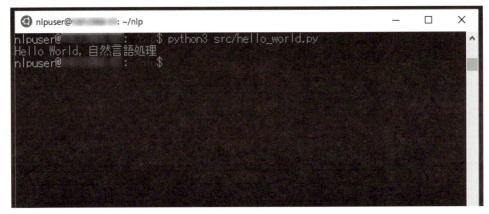

図1.1　PythonのHello Worldプログラムの実行

　第1章では、自然言語処理のプログラムの実行環境を整えます。

　本書では、Linux環境でプログラムを開発・実行していきますが、その際、プログラミング言語としてはPython3を使います。図1.1に示すように、PythonでHello Worldプログラムを実行できるようにするのが本章のゴールです。

OS 環境は Linux

　自然言語処理のさまざまなオープンソースソフトウェア（OSS）を使う際に相性がよいのは、やはりLinuxベースのOSです。本章の前半では、Linux OSになじみが薄い方向け

に、Linux環境を簡単に作ることができる「Windows 10を使った環境構築の手順」を少し丁寧に説明していきます。Linuxのディストリビューションは、Windows 10上に簡単にインストールできるUbuntuを使います。すでにCentOSやUbuntuなどLinux OSのコンピューターを持っていてLinux OSに詳しい方は、この部分を読み飛ばしてもかまいません。

　また、後半ではPythonで簡単なプログラムを作り、実行していきます。Pythonはビジネスではあまりなじみのないプログラミング言語かもしれませんが、自然言語処理を行う際にはPythonが多く用いられています。Pythonには、自然言語処理で使うライブラリや機械学習のライブラリが豊富に提供されており、また、ディープラーニング（深層学習）などの機能も簡単に使えるためです。本書でもPythonでプログラムを作成していくので、ここで使い方に慣れておきましょう。

1.2　実行環境の構成

　図1.2に、本章で作成する実行環境の構成図を示します。

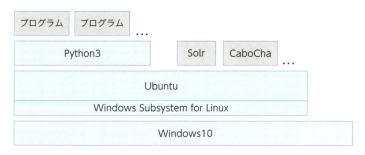

図1.2　実行環境の構成図

　Windows 10の「Windows Subsystem for Linux」という機能を使い、Linux OSであるUbuntuをインストールし、その上でPython3を使ってプログラムを動かしていきます。図の中で灰色の部分は、第2章以降で開発するプログラムやインストールするソフトウェアを表しています。「Solr」は検索エンジンで、「CaboCha」はテキストの構文解析をするためのソフトウェアです。

　それでは、実際に実行環境を作っていきましょう。以降の作業では待ち時間が長くなることもあります。時間に余裕があるときに行うのがおすすめです。

Windows 10にUbuntuをインストールする

　Windows 10でLinux環境を使えるようにするために、Windows 10の「Windows Subsystem for Linux」という機能を使います。Windows Subsystem for Linuxは、WSLとも略され、Windows 10のFall Creators Update（バージョン1709）から正式に提供されています。

　まず、Windows 10の「Windows Subsystem for Linux」を有効化する必要があります。Windows 10のスタートボタンから［設定］を開いて（図1.3）、［アプリ］→［アプリと機能］を開き（図1.4）、［プログラムと機能］を開きます（図1.5）。

図1.3　Windowsのスタートボタンから［設定］を開く

図1.4　［アプリと機能］を開く

4　第1章　実行環境を整えよう

図1.5 ［プログラムと機能］を開く

　左側の［Windowsの機能の有効化または無効化］をクリックして開きます（**図1.6**）。リストの中の［Windows Subsystem for Linux］にチェックを入れて有効化し、［OK］ボタンを押します（**図1.7**）。インストールが始まるので、インストールが終わったら再起動します。

図1.6 ［Windowsの機能の有効化または無効化］を開く

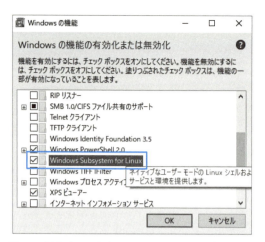

図1.7 ［Windows Subsystem for Linux］を有効化する

> **Memo**
> もし［Windows Subsystem for Linux］がリストになければ、Windows 10のバージョンが古い可能性があります。その際は、Windows Updateを実行してFall Creators Update（バージョン1709）以降にアップデートしてください。

次にLinux OSであるUbuntuをインストールします。スタートメニューからMicrosoft Storeを開き、「Ubuntu」と検索してインストールします（図1.8）。

図1.8 Microsoft Storeで「Ubuntu」を検索してインストール

インストールが終わったら、スタートメニューから［Ubuntu］を起動します（図1.9）。すると、図1.10のようなウィンドウが立ち上がります。このウィンドウを**コマンドライン**と呼びます。Linuxでは、コマンドラインにLinuxのコマンドをタイプしてコマンドを実行することで、作業を進めていきます。

図1.9 ［Ubuntu］を起動

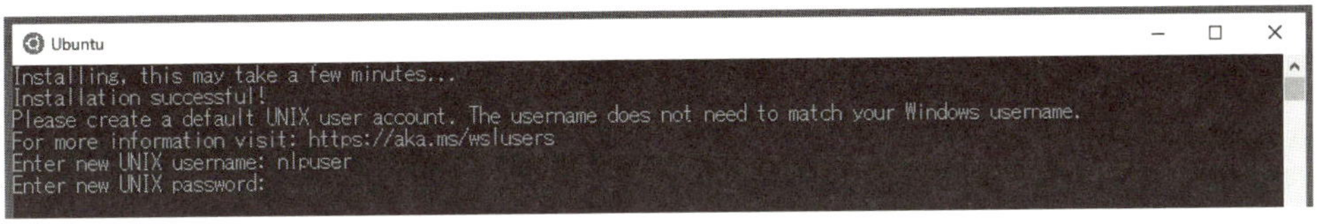

図1.10 Ubuntuのコマンドライン

　指示に従いユーザー名とパスワードを設定します。ここではユーザー名を nlpuser として いますが、好きな名前に設定してください。

　以上で、Ubuntuのインストールは完了です。

1.4 Linuxコマンドの使い方

本書では、コマンドラインにLinuxのコマンドをタイプして、インストールやプログラムの実行をします。本書で繰り返し使うLinuxコマンドを表1.1にまとめます。

表1.1 本書でよく使うLinuxコマンド

コマンド	説明	覚え方
ls	ファイルやフォルダーを表示する	LiSt
cd	指定したフォルダーに移動する	Change Directory
mkdir	フォルダーを作成する	MaKe DIRectory
sudo	rootユーザ権限でLinuxコマンドを実行する	SUper DO
apt	Ubuntu上でソフトウェアのインストールやアップデートなどの管理を行う	Advanced Package Tool
tar	アーカイブファイルを作成・展開する	Tape ARchive
nkf	文字コードを変換する	Network Kanji Filter
make	コンパイルや中間ファイルの削除などのプログラムの管理を行う	なし
cp	ファイルをコピーする	CoPy
|	パイプ。コマンドの実行結果を次のコマンドに渡す	なし
>	リダイレクト。コマンドの実行結果をファイルに出力する	なし

これら以外のLinuxコマンドは使ったとしても数回程度なので、本書を読み進めるにあたっては表1.1のコマンドだけ覚えれば大丈夫です。本書で実行するコマンドの中には、実行に時間がかかるものもあります。実行を中断したくなった場合は［Ctrl］＋［c］キーを押すことで止めることができます。

 補完機能を使おう

Linuxコマンドをタイプするのは大変そうに見えますが、補完機能を使うことでかなり作業が楽になります。Linuxコマンドやファイル名、フォルダー名の入力途中で［Tab］キーを押すと、補完機能が働いて入力を補助してくれます。また、カーソルキーの上（または［Ctrl］＋［p］）を押すことで、直前に入力したコマンドを表示することができます。カーソルキーの上を2回押すと、2つ前に入力したコマンドを表示できます。さらに［Ctrl］＋［r］を押すことで、過去に入力したコマンドを探すことができます。これらの機能をうまく使って、コマンドの入力時のタイプの回数を減らしていきましょう。

それでは、試しにコマンドラインで下記を実行してみましょう。

```
$ ls /home/
nlpuser
```

> **Memo** コマンドラインで実行するコマンドは、先頭に「$」を付けて記載します。「$」自体は入力不要です。

lsはファイルやフォルダーを表示するコマンドなので、/home/というフォルダーの下にあるファイルとフォルダーが表示されます。

先ほど、Ubuntuの起動時にユーザーを作成しましたが、そのときに、このユーザー名と同じ名前のフォルダーが/home/フォルダーの下に自動的に作成されます。そのため、自分で作成したユーザー名と同じ名前のフォルダーが表示されていればOKです。

早速ですが、[Tab]キーやカーソルキーを使って、入力が楽にできることを確認してみてください。ここではLinuxコマンドに慣れるついでに、開発用のフォルダーを作成していきましょう。

まずWindows 10のデスクトップにnlpというフォルダーを作成します。これはデスクトップでマウスを右クリックしてフォルダーを作成します。フォルダーを作成する場所はデスクトップ以外の場所でも大丈夫です。以降はデスクトップに作成したと想定して説明します。

作成したnlpフォルダーのWindows上でのアドレスを確認しておきます。nlpフォルダーを開き、アドレス欄をクリックすると表示されます（図1.11）。

図1.11　Windows上での作業フォルダーのアドレスを確認

次に、Ubuntuのコマンドラインから以下を実行して、Linux環境から上記の作業フォルダーにアクセスできるようにします。

```
$ ln -s /mnt/c/Users/{Windowsのユーザー名}/Desktop/nlp/ ~/nlp
```

ln -sはシンボリックリンクを作成するコマンドです。シンボリックリンクとは、Windowsのショートカットのようなもので、あるディレクトリやファイルを別のパス名で参照できるようになります。上記の例では、/mnt/c/Users/{Windowsのユーザー名}/Desktop/nlp/のフォルダーに対して~/nlpという名前のリンクを作成しており、/mnt/c/Users/{Windowsのユーザー名}/Desktop/nlp/に対して、~/nlpで参照できるようになります。

フォルダーのパスの部分は、先ほど確認した **nlp** フォルダーのアドレスを入力します。パスの区切りが「**/**」になっていることに注意してください。Linux ではパスの区切りは、「**¥**」ではなく、「**/**」を使います。また、Windows の C ドライブは、Ubuntu 上では **/mnt/c/** となります。なお、**~** はユーザーがコマンドラインを立ち上げたときのフォルダーを表しています。フォルダーのパスが長いので、［Tab］キーをうまく使いながら入力しましょう。

 ## 作業フォルダーを準備する

　続いて以下を実行し、作成したリンクをたどって **nlp** フォルダーに移動します。

```
$ cd ~/nlp
```

　cd は指定したフォルダーに移動するコマンドです。ここで **mkdir** コマンドを使って、下記のフォルダーを作成します。

- **src**：Python のプログラムや、Web アプリケーションを動かすためのファイルを置くフォルダー
- **data**：ダウンロードしたデータや、手作業で作成したデータを置くフォルダー
- **result**：プログラムの出力結果のファイルを置くフォルダー
- **packages**：ダウンロードしたソフトウェアを置くフォルダー

```
$ mkdir src
$ mkdir data
$ mkdir result
$ mkdir packages
```

　以下を実行して、**nlp** フォルダーの中身を確認します。

```
$ ls
data packages result src
```

　先ほど作成した **src**、**data**、**result**、**packages** のフォルダーが表示されれば成功です。またエクスプローラーで **nlp** フォルダーを開いて、**mkdir** コマンドで作成したフォルダーが存在するか確認しておきましょう。

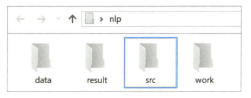

図1.12 作成したフォルダーの確認

1.5 Ubuntuへのソフトウェアのインストール方法

　Ubuntu上でソフトウェアをインストールするときはaptコマンドを使うと便利です。ここでは、aptコマンドを使って、Python用のパッケージ管理システムであるpipをインストールします。aptは後ほどの章でも使うので、ここでしっかり使い方を覚えておきましょう。

　まずUbuntuのアップデートをかけておきます。

```
$ sudo apt update
[sudo] password for nlpuser:
$ sudo apt upgrade
```

　パスワードが聞かれたら、先ほど作成したユーザーのパスワードを入力して［Enter］キーを押して実行します。アップデート実行中に実行可否を聞かれますので「Y」と入力します。sudoは、rootユーザー権限でLinuxコマンドを実行するためのコマンドです。

 Column　プロキシが設置されている場合

　会社などでは、ネットワークにプロキシが設置されているためインストールがうまくいかないかもしれません。その場合は、ネットワーク管理者にプロキシサーバーのアドレスとポート番号、ユーザー名、パスワードなどを聞いて、以下のように環境変数を設定してから、もう一度アップデートを試してみてください。

```
$ export http_proxy=http://[ ユーザー名 ]:[ パスワード ]@[ アドレス ]:[ ポート番号 ]
$ export https_proxy = http://[ ユーザー名 ]:[ パスワード ]@[ アドレス ]:↵
  [ ポート番号 ]
```

　exportは、OSの環境変数を設定するコマンドです。環境変数を設定した場合は、現在の環境変数をsudo実行時に引き継げるように、-Eオプションを付けて以下のように実行してください。

```
sudo -E apt update
```

Column　プロキシ環境用の簡易コマンドの作成

exportコマンドでプロキシの設定をすると、パスワードがコマンドラインの履歴に残ってしまいます。それが嫌な方は、下記のような短いプログラムを作成してみましょう。なお、プロキシサーバのアドレスとポート番号がわからない場合は、ネットワーク管理者に聞いてください。

リスト　use_proxy.sh

```
#!/bin/bash
echo -n "user: "
read user
echo -n "pass: "
read -s pass
export http_proxy=http://${user}:${pass}@[ プロキシのアドレス ]:↵
[ プロキシのポート番号 ]
export https_proxy=http://${user}:${pass}@[ プロキシのアドレス ]:↵
[ プロキシのポート番号 ]
exec $*
```

これを使って、

```
$ chmod +x use_proxy.sh
$ ./use_proxy.sh sudo -E apt upgrade
```

などのように、ネットワークを使うコマンドの前にuse_proxy.shと書いて実行するとプロキシを設定した状態でコマンドを実行できます。なお、環境変数を引き継げるように、sudo -Eというように、sudoコマンドには-Eオプションを付けて実行します。

pip のインストール

それでは、pipのインストールを行いましょう。本書では、pipを使って、作成するプログラムに必要なPythonのライブラリをインストールするため、この作業は必須です。

aptコマンドを使って、pipをインストールしていきます。

```
$ sudo apt install python3-pip
```

インストールが終わったら、pipが正しく動くか確認してみましょう。以下を実行して、Pythonのインストール済みのライブラリの一覧が表示されれば大丈夫です。

```
$ pip3 list
```

1.6 Pythonプログラムを実行してみる

実は、`pip`のインストールが成功していれば、`pip`が依存するPython3も、システムにすでにインストールされています。Pythonのバージョンを確認してみましょう。

```
$ python3 --version
Python 3.6.7
```

「`Python 3.x.x`」と出力されれば、Python3が正しくインストールされています。xはバージョンを表す数字で、例えば「`Python 3.6.7`」などと出力されるはずです。

それでは試しに、小さなPythonプログラムを書いて実行してみましょう。エディターを開いて下記のプログラムを作成し、先ほど作成した`src`フォルダーに置きましょう。プログラムファイルを保存するときに、文字コードはUTF-8にしてください。

リスト1.1 src/hello_world.py

```python
if __name__ == '__main__':
    print('Hello World, 自然言語処理 ')
```

> **Memo**
> エディターは、文字コードと改行コードが明示的に指定できるものがオススメです。
> Windowsのメモ帳では、バージョンによっては文字コードや改行コードでトラブルとなることがあるため、サクラエディタなど、ソースコードを編集するのに向いているとされるエディタを使うことをオススメします。
> 本書では、ソースコードの文字コードにはUTF-8を、改行コードにはLFを想定しています。

コマンドラインで以下のコマンドを実行し、「`Hello World, 自然言語処理`」と表示されれば成功です。

```
$ cd ~/nlp
$ python3 src/hello_world.py
Hello World, 自然言語処理
```

> **Memo**
> 今後特に指定のない場合、プログラムは~/nlpフォルダーで実行するものとして解説します。

ここまでで最低限の環境構築は完了です。本書では他にもさまざまなOSSやフリーソフトウェアをインストールしていきますが、それはそれぞれの章で必要になったときに行います。

1.6 Pythonプログラムを実行してみる　13

より使いやすい環境を構築することもできますが、環境が複雑になると環境のちょっとした違いでOSSやプログラムが動かない可能性が出てくるので、本書では最低限のシンプルな環境で進んでいきます。Linuxに詳しい読者は、**pyenv**と**virtualenv**を使ってPythonの実行環境を作ることをおすすめします。**pyenv**や**virtualenv**は、Pythonの環境を管理するためのツールで、本書のためだけのPythonの実行環境を簡単に作ることができます。

第2章 テキストデータを収集しよう

Theme
- HTMLファイルの取得とrobots.txt
- 文字コード
- Beautiful Soupライブラリを使ったテキストデータの抽出
- テキストデータのクレンジング

2.1 データ収集とは

　本章ではWebからテキストデータを収集します。コマンドラインでPythonのプログラムを実行し、Wikipediaにある「日本」のページ（図2.1）からタイトルと本文を抜き出すのが本章のゴールです。なお、Word/Excel/PDFのデータの扱いに関しては、付録で簡単に紹介します。

図2.1　Wikipediaのページ「日本」

抜き出されるタイトルと本文は、次のようなテキストになります。

```
[title]:    日本
[text]:     日本 <__EOS__>
日本国（にっぽんこく、にほんこく、ひのもとのくに）、または日本（にっぽん、にほん、ひのもと）
は、東アジアに位置する日本列島（北海道・本州・四国・九州の主要四島およびそれに付随する島々）
及び、南西諸島・伊豆諸島・小笠原諸島などから成る島国 [1][2]。
目次 <__EOS__>
国号 <__EOS__>
「日本」という漢字による国号の表記は、日本列島が中国大陸から見て東の果て、つまり「日の本（ひ
のもと）」に位置することに由来するのではないかとされる [3]。近代の二つの憲法の表題は、「日
本国憲法」および「大日本帝国憲法」であるが、国号を「日本国」または「日本」と直接かつ明確
に規（後略）
```

実は、Webページからテキストデータを抜き出すのは、想像以上に難しい作業です。余計なところで改行やスペースが入ったり、文が途中で切れたり、テキストでないデータが混ざったりします。そのため、テキストの部分だけをきれいに抜き出すことは困難であることが多いのです。

図2.2　データ収集

図2.2にデータ収集の流れを示しました。まずWebからHTMLファイルを取得し、次に、**文字コード**を変換します。文字コードの混在は、自然言語処理のプログラムを書く際にはバグの元になります。外部からデータを取得した際にすぐ行うのがよいでしょう。

続いて、文書の構造を保持するための処理を行います。HTMLなどのデータからテキストを抜き出すと、元のHTMLにあった文書の構造が失われてしまいます。ここでいう文書の構造とは、HTMLタグで表現されている文の区切りや、段落（パラグラフ）の区切りです。そこで、これらの構造を保持できるような処理を行っていきます。

続いてタイトルと本文の抽出を行い、テキストデータの**クレンジング**を行います。クレンジングとは、データ分析をする前に、分析処理をしやすいようデータを整形することです。

前述したとおり、テキストデータの収集処理を完璧に行うことはかなり難しく、本章だけ

では説明しきれません。そのため、本章では以降の章を読み進めるのに必須なものだけに絞って説明していきます。

Webページのスクレイピング

　Webページなどのデータから、特定の必要な部分だけを抜き出すことを**スクレイピング**といいます。本章で行うスクレイピングの概要を以下で説明します。

HTMLのソースコードを覗いてみる

　まずは実際に、下記のURLから、Wikipediaのページ「日本」をWebブラウザーで開いてみましょう（図2.3）。

　URL https://ja.wikipedia.org/wiki/日本

図2.3　Wikipediaのページ「日本」

18　第2章　テキストデータを収集しよう

このWebページには、テキスト本文の他に、ヘッダー・サイドバー・図などがあり、複雑な構造をしていることがわかります。このWebサイトから、テキスト本文が書かれた部分だけを抜き出すことが目標です。ここで抜き出したテキスト本文の部分を、以降の章で自然言語処理の対象としていきます。

Webブラウザー上でマウスを右クリックし、ページのソースを表示すると、このページのHTMLファイルの構造を調べることができます。

```
<!DOCTYPE html>
<html class="client-nojs" lang="ja" dir="ltr">
  <head>
    <meta charset="UTF-8"/>
    <title> 日本 - Wikipedia</title>
    （中略）
  </head>
  <body class="mediawiki ...">
    （中略）
    <div id="content" class="mw-body" role="main">
      （中略）
      <h1 id="firstHeading" class="firstHeading" lang="ja"> 日本 </h1>
      <div id="bodyContent" class="mw-body-content">
        （中略）
        <div id="mw-content-text" lang="ja" dir="ltr" class="mw-content-ltr">
          <div class="mw-parser-output">
            （中略）
            <dl id="infoboxCountry">
              （中略）
            </dl>
            <p>
              <b> 日本国 </b>（にっぽんこく、にほんこく、ひのもとのくに）、または
              <b> 日本 </b>（にっぽん、にほん、ひのもと）は、
              （中略）
            </p>
            <div id="toc" class="toc">
              <div class="toctitle" lang="ja" dir="ltr"><h2> 目次 </h2></div>
              （中略）
            </div>
            <h2>
              <span id=".E5.9B.BD.E5.8F.B7"></span>
              <span class="mw-headline" id=" 国号 "> 国号 </span>
            </h2>
            （中略）
            <p>
              「日本」という <a href="/wiki/%E6%BC%A2%E5%AD%97" title=" 漢字 "> 漢字 </a>
              による <a href="/wiki/%E5%9B%BD%E5%8F%B7" title=" 国号 "> 国号 </a> の表
              記は、日本列島が <a href="/wiki/%E4%B8%AD%E5%9B%BD%E5%A4%A7%E9%99%B8"
              title=" 中国大陸 "> 中国大陸 </a> から見て東の果て、つまり「<b> 日の本 </b>（ひ
              のもと）」に位置することに由来するのではないかとされる（中略）
```

```
      </p>
      <h3>
        <span id=".E6.97.E6.9C.AC.E8.AA.9E.E3.81.AE.E8.A1.A8.E7.8F.BE"></span>
        <span class="mw-headline" id="日本語の表現">日本語の表現</span>
      </h3>
      <h4>
        <span id=".E7.99.BA.E9.9F.B3"></span>
        <span class="mw-headline" id="発音">発音</span>
      </h4>
      <p>
        「<b>にっぽん</b>」、「<b>にほん</b>」、「<b>ひのもと</b>」と読まれる。どちらも多く用いられているため、<a href="/wiki/%E6%97%A5%E6%9C%AC%E6%94%BF%E5%BA%9C" class="mw-redirect" title="日本政府">日本政府</a>は正式な読み方をどちらか一方には定めておらず、どちらの読みでも良いとしている（中略）
      </p>
      <p>
        7世紀の後半の国際関係から生じた「日本」国号は、当時の国際的な読み（音読）で「ニッポン」（呉音）ないし「ジッポン」（漢音）と読まれたものと推測される<sup id="cite_ref-13" class="reference"><a href="#cite_note-13">&#91;6&#93;</a></sup>。いつ「ニホン」の読みが始まったか定かでない。仮名表記では「にほん」と表記された。平安時代には「<b>ひのもと</b>」とも和訓されるようになった。
      </p>
      （中略）
```

`<div>`や`<b>`などたくさんのHTMLタグが含まれていて、意外と複雑な構造をしていることがわかります。HTMLタグの構造だけを書き出すと以下のようになります。

```
<html>
  <head>
    <title>[ タイトル ] - Wikipedia</title>
  </head>
  <body>
    <div>
      <h1>[ タイトル ]</h1>
      <div>
        <div>
          <div>
            <p>[ 本文 ]</p>
            <h2>[ 見出し ]</h2>
            <p>[ 本文 ]</p>
            <h3>[ 見出し ]</h3>
            <h4>[ 見出し ]</h4>
            <p>[ 本文 ]</p>
            <p>[ 本文 ]</p>
          </div>
        </div>
```

```
            </div>
        </div>
    </body>
</html>
```

　この複雑なHTMLタグ構造の中から、タイトルと本文の部分を抜き出すことが、本章で行うスクレイピングの目標です。

HTMLファイルの取得とrobots.txt

　Web上のデータを取得する際には、`robots.txt`などを確認してデータ取得のルールを守る必要があります。`robots.txt`を用いて、Webサイトのオーナーが、そのWebサイトの自動ダウンロードを禁止している場合があるためです。

　上記のWebサイトの`robots.txt`を確認してみましょう。`robots.txt`はWebサイトのルートディレクトリ直下（例： URL http://www.example.com/robots.txt）に置かれています。Wikipediaの場合、以下のアドレスをブラウザーで開くと中身を見ることができます。

　URL https://ja.wikipedia.org/robots.txt

　`robots.txt`では、User-agentで禁止をする相手を指定し、Disallowでダウンロードを禁止するページを指定します。`robots.txt`に下記のような記載を見つけることができると思います。

```
#
# Sorry, wget in its recursive mode is a frequent problem.
# Please read the man page and use it properly; there is a
# --wait option you can use to set the delay between hits,
# for instance.
#
User-agent: wget
Disallow: /
```

　この`robots.txt`では、`User-agent: wget`に対して`Disallow: /`とされているので、Linuxコマンドの`wget`によるダウンロードは禁止されていることがわかります。コメントによると、「再帰モードでのダウンロードは問題を起こしがちであることから、`--wait`オプションなどを用いて適切な頻度に設定するように」との注意喚起がされています。

　Wikipediaの場合はダンプデータが提供されています。複数のページをダウンロードするときは、プログラムを使って自動的にダウンロードするのではなく、ダンプデータを利用するようにしましょう。なお、ダンプデータの使い方は付録を参照してください。

robots.txtがない場合でも、metaタグなどの他の方法で制限をしている場合があります。時とともに新しいルールが生まれてくる分野です。Webページをダウンロードするときには、細心の注意を払うようにしましょう。

 ## 文字コードに注意しよう

テキストデータをプログラムで扱う際には、文字コードに注意する必要があります。

文字コードとは、コンピューターで文字を扱うために、コンピューターの内部で各文字に割り振られる数値のことです。UTF-8、シフトJIS、EUCなどいくつかの方式があります。Webでよく使われているのが**UTF-8**です。

文字コードは、目立たない存在ですが、自然言語処理をするうえではとても重要です。文字コードを意識して適切に扱わないと、プログラムが正しく動かなくなり、混乱することになるので気を付けましょう。

Pythonでは、**Unicode**で定義されている文字を扱うことができます。Unicodeとは、「あ」「い」「ア」「A」「一」など、扱える文字の種類のことだと理解するとよいでしょう。一方、UTF-8はこれらを数値で表す方法と考えるとわかりやすいです。Python3では、Unicodeで定義される文字からなる文字列をstr型で扱います。

> **Memo**
> Python2では、str型の他にunicode型というものがあり、このunicode型の方がPython3のstr型に近いです。このように、Python2とPython3では文字列データの扱い方が異なるので注意しましょう。本書ではPython3に関してのみ説明します。

Pythonで外部のテキストデータを取り入れたり、外部のソフトウェアとテキストデータをやり取りしたりするときには、文字コードを意識してデータを変換する必要があります。表2.1に文字コードの変換の指針をまとめます。

表2.1 文字コード変換の指針

状況	変換	例
データをPythonで受け取るとき	Unicode文字からなるstr型に変換	`data_utf.decode('utf-8')`
データをPythonから出力するとき	特定の文字コードのバイト列に変換	`data_unicode.encode('utf-8')`

例えば、UTF-8のテキストデータをPythonのプログラムで受け取るときには、**decode**関数で**str**型に変換します。逆に、Pythonのプログラムから**str**型のテキストデータをUTF-8で外部に渡すときには、**encode**関数でバイト列に変化します。

ここでLinuxコマンドの**nkf**を使って文字コードの変換を体験しておきましょう。本書の後半で、プログラムが出力したデータをExcelで開くときなどに、Linuxコマンドで文字コードを変換できると便利です。**apt**コマンドを使って**nkf**をインストールしましょう。

```
$ sudo apt install nkf
```

第1章で作成したプログラムを動かして、出力を**result/hello.txt**に保存します。

```
$ python3 src/hello_world.py > result/hello.txt
```

result/hello.txtをExcelなどにドラッグ＆ドロップして開くと、場合によっては文字化けしてしまうことがあります。そこで、Pythonが出力している文字コードを確認してみます。コマンドの後ろにパイプ（|）を付け、さらに次のコマンドを続けて実行すると、パイプの手前のコマンドの結果が次のコマンドに入力として渡されます。

```
$ python3 src/hello_world.py | nkf -g
UTF-8
```

nkf -gで文字コードを推測することができます。**UTF-8**と表示されたので、文字コードはUTF-8だ、と推測されたことがわかります。

それでは、次のコマンドで、文字コードをシフトJISに変換して保存してみましょう。

```
$ python3 src/hello_world.py | nkf -Lw -s > result/hello.sjis.txt
```

-Lwが改行コードをWindows用に変換するためのオプションで、**-s**が文字コードをシフトJISに変換するためのオプションです。今度は文字化けせずに、**result/hello.sjis.txt**を開くことができたはずです。

文字コードを変換しながらWebページを取得する

それでは、文字コードに気を付けながら、Webページを取得するプログラムを作成してみましょう。**リスト2.1**がWebページを取得するプログラムです。

リスト2.1　src/sample_02_01.py

```python
import urllib.request

if __name__ == '__main__':
    url = 'https://ja.wikipedia.org/wiki/%E6%97%A5%E6%9C%AC'
    with urllib.request.urlopen(url) as res:
        byte = res.read()  # ①
        # 文字コードの変換
        html = byte.decode('utf-8')  # ②
        print(html)
```

URLエンコードされた文字列「日本」

リスト2.1の中身を見ていきましょう。ここで注目するのは、①で`read`により読み込んだデータを、②で`decode`を使って、utf-8のバイト列からPython3のUnicode文字からなる`str`型に変換している点です。

ここでは「Webページの文字コードがUTF-8である」と決めつけてプログラムを書いていますが、Webページによっては、シフトJISなど別の文字コードの場合もあるかもしれません。そのため自動で文字コードを判定して、`str`型に変換すると便利です。そのためには、文字コードの推定をするライブラリ`cchardet`を使います。

次のように`pip`コマンドを実行して、`cchardet`をインストールしましょう。

```
$ pip3 install cchardet
```

下記を実行して、`cchardet`が一覧に入っていればインストールに成功しています。

```
$ pip3 list
```

それでは、**リスト2.1**の

```
html = byte.decode('utf-8')
```

の部分を

```
html = byte.decode(cchardet.detect(byte)['encoding'])
```

に変更して、src/sample_02_02.pyとして保存しましょう。その際、ファイルの先頭で、import cchardetとして、cchardetをインポートするようにしましょう。

変更したsrc/sample_02_02.pyの全体は、リスト2.2のようになります。

リスト2.2　src/sample_02_02.py

```python
import urllib.request

import cchardet

if __name__ == '__main__':
    url = 'https://ja.wikipedia.org/wiki/%E6%97%A5%E6%9C%AC'
    with urllib.request.urlopen(url) as res:
        byte = res.read()
        # 文字コードの変換：cchardet を使って自動で文字コードを判定
        html = byte.decode(cchardet.detect(byte)['encoding'])
        print(html)
```

実行すると、出力は次のようになります。

```
$ cd ~/nlp    ← 今後も特に指定がなければ「~/nlp」フォルダーで実行する
$ python3 src/sample_02_02.py
<!DOCTYPE html>
<html class="client-nojs" lang="ja" dir="ltr">
<head>
<meta charset="UTF-8"/>
<title>日本 - Wikipedia</title>
<script>document.documentElement.className = document.documentElement.class...
<script>(window.RLQ=window.RLQ||[]).push(function(){mw.config.set({"wg...
...
<link rel="stylesheet" href="/w/load.php?debug=false&amp;lang=ja&amp; ...
<script async="" src="/w/load.php?debug=false&amp; ...
<meta name="ResourceLoaderDynamicStyles" content=""/>
<link rel="stylesheet" href="/w/load.php?debug=false&amp;lang=ja&amp;...
<meta name="generator" content="MediaWiki 1.32.0-wmf.12"/>
<meta name="referrer" content="origin"/>
<meta name="referrer" content="origin-when-crossorigin"/>
<meta name="referrer" content="origin-when-cross-origin"/>
<meta property="og:image" content="https://upload.wikimedia.org/wikiped...
<link rel="alternate" href="android-app://org.wikipedia/http/ja.m.wikip...
<link rel="apple-touch-icon" href="/static/apple-touch/wikipedia.png"/>
```

HTMLファイルの中身が画面に表示されれば成功です。

テキストデータを抽出する

　HTMLファイルを取得して文字コードを変換したので、次は、取得したHTMLタグ構造の中からテキストデータの部分を抜き出してみます。

　もう一度、先ほどの出力を見て、どのようなHTMLタグの構造になっているかをよく確認してみましょう。以前示したように、以下のような構造が見つかるはずです。

```
<html>
  <head>
    <title>[ タイトル ] - Wikipedia</title>
  </head>
  <body>
    <div>
      <h1>[ タイトル ]</h1>
      <div>
        <div>
          <div>
            <p>[ 本文 ]</p>
            <h2>[ 見出し ]</h2>
            <p>[ 本文 ]</p>
            <h3>[ 見出し ]</h3>
            <h4>[ 見出し ]</h4>
            <p>[ 本文 ]</p>
            <p>[ 本文 ]</p>
          </div>
        </div>
      </div>
    </div>
  </body>
</html>
```

　それでは、このテキストデータから、表2.2に示すような「タイトル」と「本文」を抜き出すことを目標にスクレイピングプログラムを作成していきましょう。

表2.2 抜き出す要素

要素	内容	タグ
タイトル	日本	<title>タグ内
本文	日本国（にっぽんこく、にほんこく、ひのもとのくに）、または日本…	<p>、<h1>、<h2>、<h3>、<h4>タグ内

Beautiful Soup

　HTMLデータからテキストを抜き出すには、**Beautiful Soup**というライブラリを使います。次の`pip`コマンドを実行して、Beautiful Soupをインストールしましょう。

```
$ pip3 install beautifulsoup4
```

　Beautiful Soupを用いることで、HTMLの構造を解析し、タグ名やタグの属性で指定した部分だけを取り出すことができます。

　例えば下記のプログラムで、\<head\>→\<title\>とHTMLタグをたどり、\<title\>タグの中のテキストを取得することができます。

```
# html 変数に html のテキストデータが格納されている
soup = BeautifulSoup(html, 'html.parser')
soup.head.title.text # <title> タグの中のテキストを取得
```

　リスト2.3に、Beautiful Soupを使ってタイトルと本文を抜き出すプログラムを示します。

リスト2.3　src/sample_02_03.py

```
import urllib.request
import cchardet
from bs4 import BeautifulSoup

if __name__ == '__main__':
    url = 'https://ja.wikipedia.org/wiki/%E6%97%A5%E6%9C%AC'
    with urllib.request.urlopen(url) as res:
        byte = res.read()
        html = byte.decode(cchardet.detect(byte)['encoding'])
        soup = BeautifulSoup(html, 'html.parser')

        title = soup.head.title          ←①
        print('[title]:', title.text, '\n')

        for block in soup.find_all(['p', 'h1', 'h2', 'h3', 'h4']):   ←②
            print('[block]:', block.text)
```

　それでは、リスト2.3を詳しく見ていきましょう。`soup.head.title`の部分（①）で\<head\>→\<title\>とHTMLタグをたどり、そこのテキストを次の行で`print`しています。また、`soup.find_all(['p', 'h1', 'h2', 'h3', 'h4'])`の部分（②）で、\<p\>、\<h1\>、\<h2\>、\<h3\>、\<h4\>タグの内容を取得しています。

　上記で見たように、実際のWebページのHTMLタグ構造は深く、複雑です。そのため、\<body\>→\<div\>→\<div\>→\<div\>→\<div\>→\<h2\>とタグを1つずつたどる方法では、ほん

の少しでもHTMLの構造が変わったときにうまく抽出できません。そこで本文の抽出にはすべての可能性のあるタグを直接指定して、ある程度ざっくりと取り出すようにしています。

> **Memo** 別の方法としては、HTMLタグのclass名などの属性を使って抽出する方法もあります。本書の範囲を超えますが、興味のある方はBeautiful Soupの機能をいろいろ調べてみましょう。なるべく汎用的に動作するように意識して、プログラムを書くとよいでしょう。

作成したプログラムは、次のコマンドで実行します。タイトルと本文が出力されていたら成功です。

```
$ python3 src/sample_02_03.py
[title]: 日本 - Wikipedia

[block]: 日本
[block]:

[block]: 日本国（にほんこく、にっぽんこく）、または日本（にほん、にっぽん）は、東アジアに
位置する日本列島（北海道・本州・四国・九州の主要四島およびそれに付随する島々）及び、南西諸島・
伊豆諸島・小笠原諸島などから成る島国［1］［2］。修正資本主義国家である。

[block]: 目次
[block]: 国号
[block]: 「日本」という漢字による国号の表記は、日本列島が中国大陸から見て東の果て、つまり
「日の本（ひのもと）」に位置することに由来するのではないかとされる［3］。近代の二つの憲法の
表題は、「日本国憲法」および「大日本帝国憲法」であるが、国号を「日本国」または「日本」と直
接かつ明確に規定した法令は存在しない。［ 疑問点 - ノート］ただし、日本工業規格（Japanese
Industrial Standard）では日本国、英語表記をJapanと規定。更に、国際規格（ISO）では3文
字略号をJPN、2文字略号をJPと規定している。（後略）
```

2.4 テキストデータのクレンジング

クレンジングとは、データ分析をする前に、分析処理をしやすいようにデータを整形することです。テキストデータの場合は、あとで自然言語処理のソフトウェアを使ったときに不具合が発生しないように、あらかじめテキストデータを変換しておくことが重要です。例えば、半角カタカナなどは全角に変換しておいたほうが安全です。またタブや空白記号などにも注意が必要です。

第4章では、CaboChaという構文解析のソフトウェアを使います。CaboChaは半角カタカナで書かれた文字列の内容を正しく判別できなかったり、全角空白と半角空白で異なる扱いをしてしまったりします。そこで、これらのふるまいに配慮してあらかじめテキストデータを変換しておくとトラブルが少なくなります。

リスト2.4にクレンジングの例を示します。

リスト2.4 src/sample_02_04.py

```
import re
import unicodedata
                          ←タブ文字      半角空白2つ              全角空白
text = '	ＣＬＥＡＮＳing  によりﾃｷｽﾄﾃﾞｰﾀを変換すると　トラブルが少なくなります．'
print('Before:', text)

translation_table = str.maketrans(dict(zip('()!', '（）！')))
text = unicodedata.normalize('NFKC', text).translate(translation_table)  ←❶
text = re.sub(r'\s+', ' ', text)
print('After:', text)
```

実行すると、以下のようにクレンジングされます。

```
Before: 	ＣＬＥＡＮＳingによりﾃｷｽﾄﾃﾞｰﾀを変換すると　トラブルが少なくなります．
After: CLEANSing によりテキストデータを変換すると トラブルが少なくなります。
```

　上記のプログラムでは、❶で`unicodedata`ライブラリの`normalize`関数により各文字の表記を統一しています。「`NFKC`」は「Normalization Form Compatibility Composition」の略で、Unicodeの互換文字への正規化、つまり、見た目は異なるが基本的な意味は同じである文字は同じ文字に統一するよう指示しています。

　これにより、例えば半角カタカナは全角カタカナへ、全角英字は半角英字へ、多くの全角記号は半角記号へ、全角空白記号はすべて半角空白記号へ正規化されます。ただし、CaboChaの入力は全角記号を前提としているため、丸括弧と「！」を全角記号に戻しておきます。加えて、2つ以上連続する空白記号が日本語の文字列に混ざると問題になることが多いため、連続する空白記号は1つの半角空白記号へ置換しています。

2.5 データ収集のプログラム

　さて、これまでに学んだことを統合して、データ収集のプログラムを作成します。まずスクレイピングの部分をライブラリとして別のファイルに関数として実装します（**リスト2.5**）。

リスト2.5 src/scrape.py

```
import re
import unicodedata

from bs4 import BeautifulSoup
```

```python
translation_table = str.maketrans(dict(zip('()!', ' () ！')))

def cleanse(text):
    text = unicodedata.normalize('NFKC', text).translate(translation_table)
    text = re.sub(r'\s+', ' ', text)
    return text

def scrape(html):   # ①
    soup = BeautifulSoup(html, 'html.parser')
    # __EOS__ の挿入
    for block in soup.find_all(['br', 'p', 'h1', 'h2','h3','h4']):
        if len(block.text.strip()) > 0 and \
                block.text.strip()[-1] not in ['。', '！']:
            block.append('<__EOS__>')   # ②
    # 本文の抽出
    text = '\n'.join([cleanse(block.text.strip())
        for block in soup.find_all(['p', 'h1', 'h2','h3','h4'])
        if len(block.text.strip()) > 0])
    # タイトルの抽出
    title = cleanse(soup.title.text.replace(' - Wikipedia', ''))   # ③
    return text, title
```

プログラムの中身を確認していきましょう。

scrape関数（❶）は、渡されたHTMLから本文とタイトルを抽出します。前半部分で、文末を表す'<__EOS__>'を挿入していることに注意してください。これは、先ほどのようにHTMLタグを全部無視してテキストデータを抜き出した場合、<h2>タグの中のテキストと<p>タグの中にあるテキストの最初の文が1つの文として認識されてしまうためです。そこで、HTMLタグの構造を破棄する前に、それぞれのタグの中にあるテキストの末尾に文末を表す'<__EOS__>'を挿入することで（❷）、文の区切りの情報を保持しています。

加えて、抽出した本文とタイトルに対して、先ほどのクレンジングの処理を実装したcleanse関数を用いてクレンジングを行っています（❸）。

リスト2.6がscrape関数を呼び出してデータ収集を実行するプログラムです。

リスト2.6　src/sample_02_06.py

```python
import urllib.request

import cchardet

import scrape

if __name__ == '__main__':
    url = 'https://ja.wikipedia.org/wiki/%E6%97%A5%E6%9C%AC'
    with urllib.request.urlopen(url) as res:
        byte = res.read()
```

```
html = byte.decode(cchardet.detect(byte)['encoding'])
text, title = scrape.scrape(html)
print('[title]: ', title)
print('[text]:   ', text[:300])
```

リスト 2.6 とリスト 2.5 を合わせると、

1. ファイルの収集
2. 文字コードの変換
3. 文書の構造の保持
4. タイトルと本文の抽出
5. 半角文字などのデータ変換

という順で実行されることがわかります。

次のコマンドを実行してみましょう。`text` と `title` の抽出結果が画面に表示されれば成功です。

```
$ python3 src/sample_02_06.py
[title]:   日本
[text]:    日本 <__EOS__>
日本国（にっぽんこく、にほんこく、ひのもとのくに）、または日本（にっぽん、にほん、ひのもと）
は、東アジアに位置する日本列島（北海道・本州・四国・九州の主要四島およびそれに付随する島々）
及び、南西諸島・伊豆諸島・小笠原諸島などから成る島国[1][2]。
目次 <__EOS__>
国号 <__EOS__>
「日本」という漢字による国号の表記は、日本列島が中国大陸から見て東の果て、つまり「日の本（ひ
のもと）」に位置することに由来するのではないかとされる[3]。近代の二つの憲法の表題は、「日
本国憲法」および「大日本帝国憲法」であるが、国号を「日本国」または「日本」と直接かつ明確
に規 ...
```

　お気付きのとおり、どんな Web ページにも使える汎用のスクレイピングプログラムを作るのは困難です。「同一の Web サイトでは各ページの HTML 構造は同じである」と仮定して、サイトごとにカスタマイズされたスクレイピングプログラムを用意する、というのが現実的な方法といえるでしょう。クレンジングに関しても、上記のプログラムで十分とはいえません。自分でさまざまなテキストデータを収集しながら、問題が起こったら少しずつロジックを追加していくようにしましょう。

第3章 データベースに格納しよう

Theme
- SQLiteへのテキストデータの格納
- Solrの設定とデータ登録
- Solrを使った検索

3.1 データベースを使った検索エンジン

　本章では、Wikipediaのテキストデータをデータベースに格納します。これにより、テキストデータの管理を容易にし、Webアプリケーションからも使いやすくなります。続いて、テキストデータを検索エンジンに登録し、キーワードでテキストデータを検索できるようにします。本書では、データベースとしてSQLiteを使い、検索エンジンとしてSolrを使います。

　SolrのWeb UIからキーワードを入力して検索できるようにするのが本章のゴールです。図3.1がSolrのWeb UIで、[q]のテキストフィールドのところに検索クエリを入力し、[Execute Query] ボタンを押すと、Wikipediaのページの中から検索クエリに合致するページを探して、右側にその結果をJSON形式で表示します。

図3.1　SolrのWeb UIでの検索

本章では、Wikipedia の日本のページだけでなく、他の国に関するページも使います。可能であれば、すべての国のページを登録してみるのがおすすめです。自然言語処理では大規模のテキストデータを扱うことが重要です。国に関するページを全部登録しても大規模とはいえませんが、自然言語処理を試してみるには十分です。

3.2 データベースと検索エンジンの用途

図 3.2 に、本章で準備するデータベースと検索エンジンがどのように使われるかを示します。

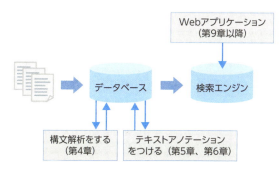

図 3.2 データベースと検索エンジン

取得したテキストデータをデータベースに登録し、続いて、データベースから登録したテキストデータを抜き出して検索エンジンに登録します。第 4 章以降ではデータベースからテキストデータを取り出して、自然言語処理によりテキストを解析し、その解析結果もデータベースに格納していきますが、本章ではそのためのデータベースを作成します。

データベースを使うメリット

例えば、テキストを解析すると、それぞれの語の品詞や原形などの情報が得られます。これらの情報も保存して蓄積し、元のテキストデータをより解析しやすくしていきましょう。その際データの保存先として、本書ではファイルではなくデータベースを使います。

データベースを使うメリットとしては、データの一部だけを更新するのが容易であることが挙げられます。またインデックスを貼ることで、特定のデータに高速にアクセスすることができます。本章では、データの ID にインデックスを貼り、ID で指定したデータへのアクセスを高速に行えるようにします。他にも、最初からデータベースを前提にしてプログラムを作成しておくことで、データ量が増えてきたときに、データベースを複数のサーバーで

並列構成にするなどして、容易に性能向上のための拡張を行うことができるというメリットもあります。

　Webアプリケーションを作っていくときには、検索エンジンがデータアクセスの入り口になります。検索エンジンであるSolrはテキスト検索専用のインデックスを持っているため、一般的な関係データベース（RDB：Relational Database）よりも速くテキストを検索することができます。

　また、Solrでは、テキスト検索を単なる文字列マッチではなく、単語に分割してマッチングを行います。一例を挙げると、文字列マッチの場合「カメ」で検索したときに「デジカメ」もヒットしてしまいますが、単語に分割して検索することで「デジカメ」と「カメ」を区別して検索することができるのです。さらに、Solrでは、単語の出現頻度やテキストの長さなどにもとづいてテキストをランキングし、ランクの高い順に検索結果を返すこともできます。これらの機能により、テキストデータを検索エンジンに登録するとキーワードで検索できるようになるため、さまざまなアプリケーションが作りやすくなります。

3.3　データベースを使ってみる

Wikipediaのページのダウンロード

　ここで先に進むための準備として、Wikipediaの国に関するページをダウンロードしておきましょう。前述したように、Wikipediaに対して自動で大量のWebページをダウンロードするのは、マナー違反とされています。そこでプログラムにより自動でダウンロードするのではなく、手作業でファイルに保存します。

　手作業で行うのが面倒な場合は、Wikipediaのダンプデータを使う方法もあります。Wikipediaのデータは自然言語処理を行うのに役に立つため、一度ダンプデータをダウンロードして、プログラムで使えるようにしておけば便利です。Wikipediaのダンプデータの使い方については、付録を参照してください。

　手作業でデータをダウンロードする場合は、以下の手順で行います。

　まずWebブラウザーで URL https://ja.wikipedia.org/wiki/国の一覧 を開き、それぞれの国名を右クリックして「名前を付けてリンク先を保存」しましょう（図3.3）。保存先は**data/wikipedia**にしておきましょう。大変ですが、できるだけ多くのページをダウンロードしておくとよいでしょう。なお、ファイルの拡張子は「**.html**」として保存しましょう。ブラウザーによっては「**.htm**」となるものもありますが、以降の処理のために「**.html**」にしておく必要があります。

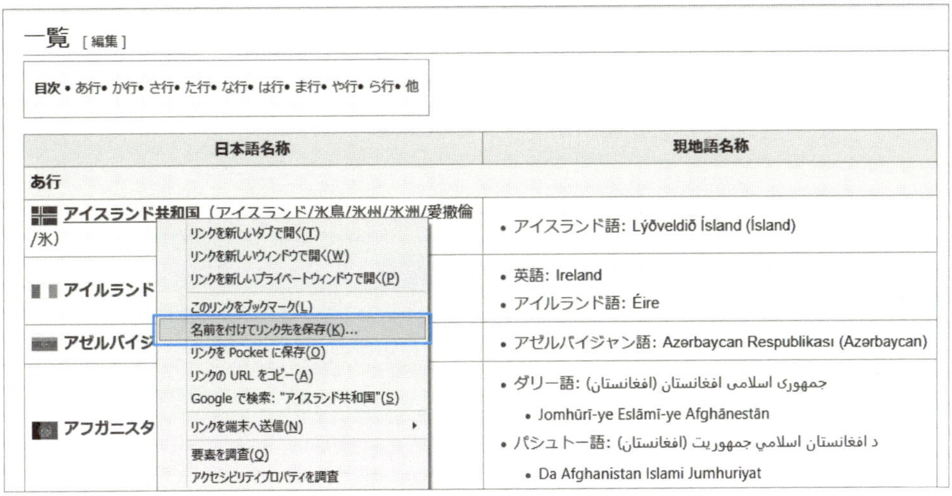

図 3.3　Wikipedia の国に関する Web ページを保存する

SQLite を使う

SQLite は、独立したサーバーとしてではなく、アプリケーションに組み込んで使われる軽量のデータベースです。本節では表 3.1 に示すような構造のテーブルを SQLite で作成し、このテーブルにテキストデータを格納します。

表 3.1　本節で扱うデータ構造

id	content	meta_info	sentence	...
1	アイスランド<__EOS__>¥nアイスランドは、北ヨーロッパの北大西洋上に位置する共和制を取る国家である。首都はレイキャビク。総人口は ...	{'title': 'アイスランド', 'url': 'https://ja.wiki...}	...	...
2	アイルランド<__EOS__>¥nアイルランド、またはアイルランド共和国（-きょうわこく）は、北西ヨーロッパ、北大西洋のアイルランド島の ...	{'title': 'アイルランド', 'url': 'https://ja.wiki...}	...	...

表 3.1 において、id の列は各データに振られる一意のキーです。つまり、テキストデータをテーブルに格納したあとは、この id をキーとしてデータを取り出すことになります。content の列には、HTML データから抽出したテキストが格納され、meta_info の列には、タイトルや URL など、Web ページに関する情報が JSON 形式で格納されます。

その他にも sentence や chunk など、文単位の情報や文節単位の情報を格納する列も作成しますが、これらは第 4 章以降で使うため、ここでは説明を省きます。

3.3　データベースを使ってみる　35

SQL

SQLiteを操作していくには**SQL**と呼ばれるデータベース操作言語を使います。本書で利用するSQL文を**表3.2**にまとめておきます。それぞれのSQL文の使い方に関しては、作成するプログラムの中で見ていきましょう。

表3.2 SQL文

SQL文	説明
CREATE TABLE	テーブルを作成する
DROP TABLE	テーブルを削除する
ALTER TABLE	テーブルの定義を変更する
SELECT	データをテーブルから取得する
INSERT	データをテーブルに挿入する
UPDATE	テーブルのデータを変更する

テーブルの作成

それでは、実際にテーブルを作成してみます。SQLiteはPythonの標準ライブラリ**sqlite3**を**import**するだけで使うことができ、インストールは不要です。

src/sqlitedatastore.pyを新規に作成し、テーブルを作成する**create_table**関数と、SQLiteへの接続を作る**connect**関数、接続を閉じる**close**関数を定義します（**リスト3.1**）。

リスト3.1 src/sqlitedatastore.py 部分

```
import json
import sqlite3

conn = None

def connect():
    global conn
    conn = sqlite3.connect('./sample.db')

def close():
    conn.close()  ← ❸

def create_table():
    conn.execute('DROP TABLE IF EXISTS docs')  ← ❶
    conn.execute('''CREATE TABLE docs (  ← ❷
        id          INTEGER PRIMARY KEY AUTOINCREMENT,
        content     TEXT,
        meta_info   BLOB,
        sentence    BLOB,
        chunk       BLOB,
        token       BLOB
    )''')
```

create_table関数の中を見ていきましょう。

Pythonからはexecute関数にSQL文を渡すことで、そのSQL文の処理が実行されます。

DROP TABLEはテーブルを削除するSQL文です（❶）。ここではdocsという名前のテーブルが存在したらそのテーブルを削除しています。

CREATE TABLEはテーブルを作成するSQL文です（❷）。ここではdocsという名前のテーブルを作成しています。何度でも最初からやり直せるよう、docsテーブルの初期化のため、テーブルの削除を最初に入れています。

ここで作成しているテーブルdocsは、6つの列を持っています。

idにはINTEGER型、つまり「整数」が登録されます。また、PRIMARY KEY制約によりidが主キーと定められているため、idが同じ値のデータは登録されないという制約が課され、idをキーとした検索を高速にするためのインデックスの作成が行われます。そしてAUTOINCREMENTの指定によって、データがdocsテーブルに登録されるたびに、自動でidに番号が振られるようになっています。

contentにはTEXT型、つまり文字列が登録されます。

meta_infoやsentenceなどにはBLOB型、つまりバイナリデータが登録されます。meta_infoやsentenceなどには、Pythonのlist列やdict型のデータをJSON形式のデータに変換し、バイナリデータとして登録します。

なお、close関数はSQLiteへの接続を閉じる関数です（❸）。データベースを使う際には、接続を忘れずに閉じるように気を付けましょう。

リスト3.2が上記の関数を呼び出してテーブルの作成を実行するプログラムです。

リスト3.2　src/sample_03_02.py

```
import sqlitedatastore as datastore

if __name__ == '__main__':
    datastore.connect()
    datastore.create_table()
    datastore.close()
```

次のコマンドを実行します。デスクトップのnlpフォルダーの下に、sample.dbという名前の3〜12KB程度のファイルができていれば成功です。

```
$ python3 src/sample_03_02.py
```

今後はsample.dbの中のデータにアクセスするため、プログラムを実行するときは、必ずnlpフォルダーの下でなくてはなりません。プログラムがうまく実行できない場合は、プログラムを実行しているフォルダーにsample.dbがあるか確認してみましょう。

3.3　データベースを使ってみる　37

データベースにデータを格納する

続いて、作成したデータベースにテキストデータを格納します。`src/sqlitedatastore.py` に次の3つの関数を追加します（リスト3.3）。

リスト3.3 `src/sqlitedatastore.py`（部分）

```python
def load(values):    # ←❶
    conn.executemany(
        'INSERT INTO docs (content, meta_info) VALUES (?,?)',
        values)
    conn.commit()

def get(doc_id, fl):    # ←❷
    row_ls = conn.execute(
        'SELECT {} FROM docs WHERE id = ?'.format(','.join(fl)),
        (doc_id,)).fetchone()
    row_dict = {}
    for key, value in zip(fl, row_ls):
        row_dict[key] = value
    return row_dict

def get_all_ids(limit, offset=0):    # ←❸
    return [record[0] for record in
            conn.execute(
        'SELECT id FROM docs LIMIT ? OFFSET ?',
        (limit, offset))]
```

それでは、3つの関数を順に見ていきましょう。

`load`関数（❶）は、`INSERT`文を使って、`content`と`meta_info`の列に引数で渡されたデータを登録しています。

`get`関数（❷）は、`SELECT`文を使って、引数`id`で指定されたデータの引数`fl`で指定された列名のデータを取得し、データ構造を`dict`型に変換して返しています。

> **Memo**
> リスト3.3のプログラムは、**インジェクション**を行われる可能性があり、セキュリティ的にはよいプログラムとはいえません。しかし、学習目的で使う分には攻撃される心配がないため、本書ではプログラムのシンプルさを重視したプログラムにしています。
> 本書は自然言語処理を学ぶ本であるため、インジェクションについての説明は割愛します。「SQLインジェクション」などをキーワードとしてWebで検索してみましょう。

`get_all_ids`関数（❸）は、同様に`SELECT`文を使って、引数`limit`で指定された数の分だけIDを`list`型で返しています。今後は、リスト3.4でデータベースに格納された全件を読み込むよう、`limit`を`-1`としてプログラムを動かしていきますが、一度に多くのデータ

を処理してプログラムが遅くならないよう、適宜自分で変更してみてください。

　それでは、上記の関数を呼び出してテーブル docs にテキストデータを格納してみましょう。**リスト3.4**は、**data/wikipedia/** フォルダーの下のHTMLファイルをテーブルに格納するプログラムです。

リスト3.4　src/sample_03_04.py

```
import glob
import json
import urllib.parse

import scrape
import sqlitedatastore as datastore

if __name__ == '__main__':
    datastore.connect()
    values = []
    for filename in glob.glob('./data/wikipedia/*.html'):    ❶
        with open(filename) as fin:
            html = fin.read()
            text, title = scrape.scrape(html)
            print('scraped:', title)
            url = 'https://ja.wikipedia.org/wiki/{0}'.format(
                urllib.parse.quote(title))
            values.append((text, json.dumps({'url': url, 'title': title})))    ❷
    datastore.load(values)    ❸

    print(list(datastore.get_all_ids(limit=-1)))
    datastore.close()
```

　リスト3.4では、data/wikipedia/ フォルダー以下のHTMLファイルを取得し（❶）、それぞれスクレイピングして本文とタイトルとURLをリストにしてから（❷）、load関数に渡しています（❸）。URLはスクレイピングして得られたタイトルを使って合成しています。

　次のコマンドを実行してみましょう。登録されたデータのIDが出力されます。

```
$ python3 src/sample_03_04.py
scraped: アイスランド
scraped: アイルランド
…
[1, 2, ...]
```

データベースの内容を表示する

続いて、正しくデータが登録できていることを確認していきましょう。リスト3.5は、登録されたデータを表示するプログラムです。データのid、meta_infoおよび本文の冒頭100字を画面に表示します。

リスト3.5　src/sample_03_05.py

```python
import sqlitedatastore as datastore

if __name__ == '__main__':
    datastore.connect()
    for doc_id in datastore.get_all_ids(limit=-1):
        row = datastore.get(doc_id, ['id', 'content', 'meta_info'])
        print(row['id'], row['meta_info'], row['content'][:100])
    datastore.close()
```

実行すると、以下のような結果が表示されるはずです。データが正しく登録されているか確認してみましょう。

```
$ python3 src/sample_03_05.py
1 {"title": "\u30a2\u30a4\u30b9\u30e9\u30f3\u30c9", "url": "https://ja.wikipedia.
org/wiki/%E3%82%A2%E3%82%A4%E3%82%B9%E3%83%A9%E3%83%
B3%E3%83%89"} アイスランド <__EOS__>
アイスランドは、北ヨーロッパの北大西洋上に位置する共和制を取る国家である。首都はレイキャビク。総人口は約337,610人。
目次 <__EOS__>
概要 [ 編集 ]<__E
2 {"title": "\u30a2\u30a4\u30eb\u30e9\u30f3\u30c9", "url": "https://ja.wikipedia.
org/wiki/%E3%82%A2%E3%82%A4%E3%83%AB%E3%83%A9%E3%83%
B3%E3%83%89"} アイルランド <__EOS__>
アイルランド、またはアイルランド共和国（ーきょうわこく）は、北西ヨーロッパ、北大西洋のアイルランド島の大部分を領土とする立憲共和制国家。首都はダブリン。島の北東部はイギ...
```

上記のtitle部分の「\u」は、JSONの中の文字列がUnicode文字であることを表しています。内容を日本語で表示したい場合は、

```python
import json
print(json.loads(row['meta_info']))
```

として、JSON形式の文字列をPythonのデータ型に変化してからprintしてみましょう。

> **Column** 他のデータベースを使う場合
>
> 本書ではSQLiteを使いますが、大規模のデータを使って本格的な処理を行うには、CassandraのようなKVS(Key-Value-Store)形式のデータベースを使うことも検討してみましょう。
> その場合、`cassandradatastore.py`を作成して、`sqlitedatastore.py`で定義した関数と同じ名前で同じ引数と返り値を持つ関数を定義します。そして、`sqlitedatastore`をインポートする代わりに`cassandradatastore`をインポートすることで、SQLiteと同様に使うことができます。

3.4 Solrの設定とデータ登録

ダイナミックフィールド

それでは、`docs`テーブルに格納したID、本文、タイトル、URLをSolrに登録して、検索できるようにしましょう。本節では、そのためにSolrの**ダイナミックフィールド**という機能を利用します。ダイナミックフィールドを使うことで、事前にフィールド名と型を定義しなくても、データを登録することができます。

表3.3に登録するデータと対応するダイナミックフィールドを示します。

表3.3 データと対応するダイナミックフィールド

フィールド名	登録するデータ	対応するダイナミックフィールド	型
doc_id_i	ID	*_i	整数
content_txt_ja	本文	*_txt_ja	日本語
title_txt_ja	タイトル	*_txt_ja	日本語
url_s	URL	*_s	文字列

ダイナミックフィールドの列にある`*`は、任意の文字列を表す記号です。例えば、`doc_id_i`はフィールド名が`_i`で終わっているので、事前に定義されていなくても、Solrが自動的に整数型のデータと判定します。同様に、`content_txt_ja`はフィールド名が`_txt_ja`で終わっているので、事前に定義されていなくても、Solrが自動的に日本語型のデータと判定します。

ダイナミックフィールドを使うことで、フィールド名と型の事前の定義が不要になります。以降、本書では`*_i`(整数型)、`*_s`(文字列型)、`*_txt_ja`(日本語型)の3つのダイナミックフィールドのみを使っていきます。

3.4 Solrの設定とデータ登録　41

 ## Solr をインストールする

　それではSolrをインストールして、データを登録していきましょう。まずはSolrをダウンロードします。Solrの公式ページ `URL` https://lucene.apache.org/solr/ を開き、[DOWNLOAD] ボタンからダウンロードページへ移動します（図3.4）。

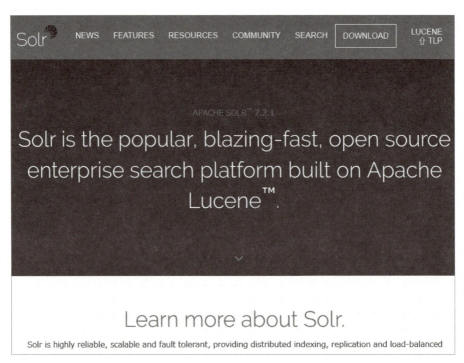

図3.4　Solrの公式ページ

　[We suggest the following mirror site for your download:] とおすすめされているリンク先へ移動し、`solr-7.x.x.zip`（7.x.xはバージョン番号）をダウンロードします（図3.5）。執筆時点のSolrのバージョンは7.5.1です。

図3.5　Solrのダウンロードページ

　zipファイルを展開し、生成されたsolr-7.5.1フォルダーを、nlpフォルダーの下に移動します。その際、solr-7.5.1フォルダーが二重になっていることもあるので注意してください。

　コマンドラインで下記のコマンドを実行し、ファイルやフォルダーが正しく表示されていれば大丈夫です。もし別のファイルが見えている場合などは、フォルダーの階層が間違っているので、フォルダーの置き場所を修正してみてください。

```
$ ls ~/nlp/solr-7.5.1/
CHANGES.txt  LICENSE.txt  LUCENE_CHANGES.txt  NOTICE.txt  README.txt
bin  contrib  dist  docs  example  licenses  server
```

　solrを実行するには、Javaが必要です。次のコマンドでJavaをインストールします。

```
$ sudo apt install default-jre
```

　Javaのインストールが完了したら、次のコマンドでSolrを立ち上げます。

```
$ ~/nlp/solr-7.5.1/bin/solr start
Waiting up to 180 seconds to see Solr running on port 8983
```

WebブラウザーでURL http://localhost:8983/solr を開いて、正しく立ち上がっているか確認してみましょう。図3.6のような画面が表示されていれば成功です。

図3.6　SolrのWeb UI

 コアを作成する

Solrでの検索対象となる1つのデータセットを**コア**といいます。以下でdocという名前のコアを作成します。

```
$ ~/nlp/solr-7.5.1/bin/solr create -c doc
Created new core 'doc'
```

ここで、デフォルトの設定を使用する旨の注意が表示されますが問題ありません。

表3.4にSolrのコマンドをまとめておきます。もしコアの作成からやり直すときは、表に示したコマンドでコアを削除しましょう。

表3.4　Solrの主なコマンド

タスク	コマンド
起動	`$ ~/nlp/solr-7.5.1/bin/solr start`
終了	`$ ~/nlp/solr-7.5.1/bin/solr stop`
状態の表示	`$ ~/nlp/solr-7.5.1/bin/solr status`
コアの作成	`$ ~/nlp/solr-7.5.1/bin/solr create -c [コア名]`
コアの削除	`$ ~/nlp/solr-7.5.1/bin/solr delete -c [コア名]`

 データを登録する

それでは続いて、データを登録していきましょう。**src/solrindexer.py**を新規に作成し、データを登録する**load**関数を定義します。

リスト3.6　src/solrindexer.py

```
import json
import urllib.parse
import urllib.request

# 使用する Solr の URL
solr_url = 'http://localhost:8983/solr'
opener = urllib.request.build_opener(urllib.request.ProxyHandler({}))

def load(collection, data):   ← ❶
    # Solr へデータを登録するリクエストを作成
    req = urllib.request.Request(
        url='{0}/{1}/update'.format(solr_url, collection),
        data=json.dumps(data).encode('utf-8'),
        headers={'content-type': 'application/json'})             ❷

    # データの登録を実行
    with opener.open(req) as res:
        # データ確認
        print(res.read().decode('utf-8'))

    # コミット
    url = '{0}/{1}/update?softCommit=true'.format(solr_url, collection)
    req = urllib.request.Request(url)                             ❸
    with opener.open(req) as res:
        print(res.read().decode('utf-8'))
```

それでは、**load**関数の中を詳しく見ていきましょう。

load関数（❶）は、引数を2つ取ります。引数**collection**はデータ登録先のSolrのコア名を、引数**data**は登録するデータを**dict**型で受け取ります。**load**関数は、まず引数で指定したコアに対してリクエストを作成します。送信先のURLは、SolrのURLとコア名、**'update'**を連結して生成します。送信データとしては、**dict**型の**data**を**json.dumps**関数でJSON形式の文字列に変換したものを使います。ここで外部とやり取りしているので、第2章で説明したように、文字コードを指定してバイト列に変換していることに注意してください。またヘッダーで、送信データがJSON形式であることを指定しています。

次に、Solrへデータを登録します（❷）。変数**res**でリクエストの返答を受け取り、今度はutf-8のバイト列から**str**型に変換しています。

最後に、❸でSolrへコミットの指示を送っています。Solrでは、一般的なデータベース

3.4　Solrの設定とデータ登録　45

と同様に**update**だけではデータの登録は実行されず、このプログラムのようにコミットを行う必要があります。なお、ここで**opener**を定義しているのは、プロキシを環境変数に設定している場合でも動くようにするためです。ここでアクセスするSolrは自分のUbuntuに立ち上げたものなので、プロキシを経由する必要はありません。**opener**を定義するときに、空の**dict**を渡すことにより、環境変数のプロキシ設定を無効にしています。プロキシ環境でない場合には、**opener.open**の替わりに**urllib.request.urlopen**としてもかまいません。

さて、上記の関数を呼び出してSolrにデータを登録してみましょう。**リスト3.7**に、Solrにデータを登録するプログラムを示します。

リスト3.7　src/sample_03_07.py

```python
import json

import sqlitedatastore as datastore
import solrindexer     as indexer

if __name__ == '__main__':
    datastore.connect()
    data = []
    for doc_id in datastore.get_all_ids(limit=-1):  ← ①
        row = datastore.get(doc_id, ['id', 'content', 'meta_info'])  ← ②
        # Solr へ登録するデータ構造へ変換
        meta_info = json.loads(row['meta_info'])
        data.append({  ← ③
            'id':             str(row['id']),
            'doc_id_i':       row['id'],
            'content_txt_ja': row['content'],
            'title_txt_ja':   meta_info['title'],
            'url_s':          meta_info['url'],
        })
    # Solr への登録を実行
    indexer.load('doc', data)  ← ④
    datastore.close()
```

リスト3.7の中を見ていきましょう。

まずデータのIDを取得し（❶）、それぞれのIDに対して、**id**、**content**、**meta_info**を取得します（❷）。次にSolrに登録するデータ構造を作って**data**に追加しています（❸）。この**id**、**doc_id_i**、**content_txt_ja**、**title_txt_ja**、**url_s**がSolrのフィールド名です。今回は、先に説明した4つのダイナミックフィールドの他に**id**も登録しています。**id**はあらかじめSolrで定義されているフィールドで、Solrで一意にデータと特定するためのキーです。

最後に、load関数を呼び出し、全データをまとめてSolrに登録しています（❹）。
次のコマンドでプログラムを実行して、Solrに登録しましょう。

```
$ python3 src/sample_03_07.py
{
  "responseHeader":{
    "status":0,
    "QTime":379}}

{
  "responseHeader":{
    "status":0,
    "QTime":121}}
```

1つ目がデータを送ったときのレスポンスで、2つ目がコミットしたときのレスポンスです。どちらもstatusが0で返ってきていることから、登録が成功したことがわかります。

3.5 Solrを使った検索

AND/OR を使ったクエリ

SolrでキーワードをZ入力して検索してみます。まずSolrでの**クエリ**の作り方を学びましょう。SolrではANDとORで組み合わせてクエリを作ります。

例えば本文に、石油ガスと天然ガスを含む文書を検索したい場合は、

```
content_txt_ja:"石油ガス" AND content_txt_ja:"天然ガス"
```

として検索します。石油ガスまたは天然ガスを含む文書を検索したい場合は、

```
content_txt_ja:"石油ガス" OR content_txt_ja:"天然ガス"
```

と記述します。

複雑なクエリ

カッコを使って、複雑なクエリを作ることもできます。例えば、Aの類義語をA'、A''とし、Bの類義語をB'、B''とし、Cの類義語をC'、C''とすると、次のようなクエリで、AとBとCを含む文書を「類義語もクエリに含めて」検索できます。

```
(content_txt_ja:"A" OR content_txt_ja:"A'" OR content_txt_ja:"A''")
AND (content_txt_ja:"B" OR content_txt_ja:"B'" OR content_txt_ja:"B''")
AND (content_txt_ja:"C" OR content_txt_ja:"C'" OR content_txt_ja:"C''")
```

またダブルクオート（"）を付けることで連続する単語として検索します。ダブルクオート（"）を付けない場合は、各単語をすべて含む文書を検索します。アスタリスク（¥*）を使うことで、単語より小さい単位でクエリを記述できます。例を表3.5に示します。

表3.5　主な検索クエリ

検索クエリの例	検索できる文書
content_txt_ja:石油	単語の「石油」を含む文書
content_txt_ja:*油	「油」で終わる単語を含む文書
content_txt_ja:石油 ガス	単語の「石油」と「ガス」を含む文書
content_txt_ja:"石油ガス"	「石油」「ガス」が連続して出現する文書

 クエリを使ってみる

それでは実際に、登録したテキストデータを検索してみましょう。Webブラウザーで URL http://localhost:8983/solr へアクセスし、コアとして［doc］を選択して画面左のメニューから「Query」ページへ移動します（**図3.7**）。

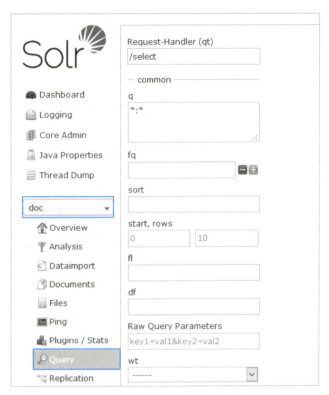

図3.7　SolrのWeb UIでの検索

画面中央上部の［q］欄に

`content_txt_ja:"石油ガス" AND content_txt_ja:"天然ガス"`

と入力して、［Execute Query］ボタンを押してみましょう（図3.8）。

3.5　Solrを使った検索　49

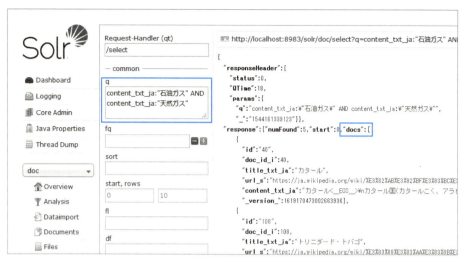

図3.8　SolrのWeb UIでの検索

　登録したデータが **response** として返ってきていれば成功です。なお、特殊な検索クエリ `*:*` を入力して実行すると、すべての登録されている文書を検索対象にするという意味になり、登録済みのデータ全件を確認することができます。

　なお、SolrのWeb UIの上部に「http://localhost:8983/solr/doc/select?q=content_txt_ja:"石油ガス" AND content_txt_ja:"天然ガス"」と表示されているはずです。このURLをWebブラウザーで開いてみましょう（もしくは単にこの部分をクリックしてもOKです）。同様に、検索結果のJSONが表示されることでしょう。

　プログラムから検索する場合は、検索クエリを作成してURLに連結することで、検索結果を取得することができます。

第2部

テキストデータを
解析しよう

　テキストデータの解析のフェーズでは、それぞれの単語の品詞や、文章が持っている文法構造を調べていきます。また、正規表現のパターンや知識データなどを使って、名詞句に意味付けをしたり、知識データとの連携をできるようにしたりします。
　これらの操作により、元のテキストデータをWebアプリケーションで扱えるようにしていきましょう。

第4章 構文解析をしよう

> **Theme**
> - 係り受け解析
> - CaboCha のセットアップ
> - Python からの CaboCha の呼び出し

 構文解析とは

　自然言語処理における**構文解析**とは、テキストの文法的な構造を推定して出力することです。本章では、フリーソフトウェアの CaboCha を使ってテキストの文法的な構造を解析します。SQLite に格納しているテキストデータに対して、CaboCha を実行して文法構造を解析し、出力結果を SQLite に書き込みます。

　以下に示すように、SQLite から CaboCha の解析結果を取得できるようにするのが本章のゴールです。

```
$ python3 src/sample_04_05.py
tokens:
    名詞        アイスランド
    助詞        は
    記号        、
    名詞        北
    名詞        ヨーロッパ
    助詞        の
    名詞        北大西洋
(中略)
chunks:
    アイスランドは、
        --> 国家である
    北ヨーロッパの
        --> 北大西洋上に
    北大西洋上に
        --> 位置する
(中略)
```

```
sentences:
    アイスランドは、北ヨーロッパの北大西洋上に位置する共和制を取る国家である
    首都はレイキャビク
    総人口は約 337,610 人
    島国であり、グリーンランドの南東方、ブリテン諸島やデンマークの自治領であるフェロー諸島
    の北西に位置する
（後略）
```

　この実行結果では、最初に各単語とその品詞が、そして次に元のテキストを文節で区切ったものが出力されています。矢印は、文節と文節の修飾関係を表しており、矢印の元の文節が、矢印の先の文節を修飾していることを意味しています。また最後に、元のテキストを文で区切ったものが出力されています。

 ## 日本語のテキストの特徴と形態素解析

　日本語のテキストは文字が連なったものです。英語のように、単語と単語が空白で区切られているということもありません。そこで、上記のように、文・文節・単語のような決められた単位でテキストを区切ることが自然言語処理の最も基礎的な部分になります。さらに品詞や修飾関係のように区切られた部分の文法的な性質を推定することで、テキストの意味を解釈しやすくなります。

　一般的には、まずテキストを文単位で区切り、その後に**形態素解析**という処理を行います。形態素とは、それ以上分割できない最小単位です。厳密には、形態素は単語より小さい単位を指しますが、ざっくりとは単語のことだと理解しておけばよいでしょう。形態素解析とは、テキストを単語（形態素）に分割し、品詞などのそれぞれの単語の属性を推定することです。単語に分割したあとで、テキストの構造を推定します。

　複数の単語をひとまとまりにして、単語より大きい単位にすることを**チャンキング**といいます。先ほどの例では、単語をチャンキングして**文節**という単位にしています。

 ## テキスト構造の解析方法

　テキストの構造を解析するのには、**係り受け解析**と**句構造解析**という2つの方法があります。係り受け解析では、文節間または単語間の関係性に注目して、テキストの構造を表現します。一方、句構造解析では、意味を持つ単位で隣接する単語をひとまとめにして、少しずつ大きな中間構造を作りながら、テキストの構造を表現します。本書では、句構造解析については扱わず、係り受け解析に絞って説明していきます。

　詳しく知りたい方は『自然言語処理シリーズ　構文解析』(鶴岡 慶雅・宮尾 祐介 著、奥村 学 監修、コロナ社 刊) などを読んでみましょう。

4.2 構文解析の用途

　例えばトレンドを調べるために、ニュース記事やブログの中で、出現頻度が急激に増えている名詞を発見したいとします。このとき、日本語のテキストは文字は一連なりになっているため、まず単語に分割する必要があります。そのうえで、月ごとの出現頻度を名詞に限定して算出することで、最近注目を浴びている事柄を調べることができます。

　また、名詞句と名詞句の間の関係を特定できると便利な場合があります。例えば、

> 太郎は東京で生まれたが、大阪で勤務している。

という日本語のテキストには、2つの地名が出てきています。

　ここで、太郎が勤務している場所を調べたい場合、「太郎」が「大阪」で「勤務している」ことを正確に解釈する必要があります。この場合、単に単語で区切って品詞を推定しただけでは難しく、「大阪で」が「勤務している」を修飾していることを解析しておく必要があります。この例では、「太郎」と「東京」には出生地の関係があり、「太郎」と「大阪」には勤務地の関係があるといえます。

　「太郎」「東京」「大阪」などは、自然言語処理では**エンティティ**と呼ばれます。エンティティとは、事物や事象のようなもので、一般には、人名、組織名、地名、建物名などの固有名詞を指すことが多いです。このようにエンティティとエンティティの間の関係を特定したい場合に、構文解析が使われます。

4.3 係り受け構造とは

　CaboChaは日本語で書かれたテキストの係り受け構造を出力するプログラムです。

> プログラムを作って、動かしながら自然言語処理を学ぶ。

　例として、この日本語の修飾関係を考えてみます。答えは1つとは限らないかもしれませんが、一例として以下のように考えることができます。

文節に区切る

まず、単語よりも少し大きな区切りとして、次のように区切ることができます。

```
0 プログラムを
1 作って、
2 動かしながら
3 自然言語処理を
4 学ぶ。
```

この区切りを**文節**を呼ぶことにします。

文節の修飾関係を考える

次にそれぞれの文節が、どの文節を修飾しているかを考えると、次のようになるでしょう。

```
0 プログラムを    --> 1 作って、
1 作って、       --> 4 学ぶ。
2 動かしながら    --> 4 学ぶ。
3 自然言語処理を  --> 4 学ぶ。
4 学ぶ。        --> なし
```

したがって、この修飾関係を図にすると、図4.1のような木構造になっていることがわかります。

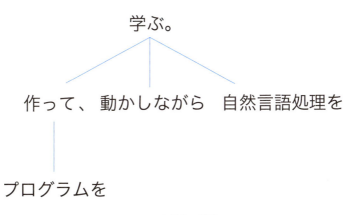

図4.1 文法的な構造

この例のような、「文節間の修飾関係による文法構造」を**係り受け構造**といいます。また、図4.1に示すような文節の係り受け関係を表す木を、**係り受け木**と呼びます。

> **Column** 係り受け構造は文節単位でしか表せない？
>
> 　係り受け構造を、文節間の修飾関係ではなく、単語間の修飾関係で表すこともあります。しかし、日本語の構文解析でよく使われるCaboChaが文節間の修飾関係を扱うため、本書でも文節間の修飾関係に絞って説明していきます。係り受けの単位はいろいろな流儀があります。
> 　英語では単語単位でやるのが一般的です。日本語でも単語単位でやるものもあり、また複数の言語で共通の係り受け構造を定義しようとするUniversal Dependenciesという試みもあります。Universal Dependenciesについて詳しく知りたい方は、以下のURLを参照してください。
>
> URL http://universaldependencies.org/

4.4　CaboChaのセットアップ

　それではCaboChaをインストールして実際に動かしてみましょう。CaboChaをインストールするには、事前にCRF++とMeCabをインストールする必要があります。

CRF++のダウンロードとインストール

　CRF++とは、**条件付き確率場**（**CRF**：Conditional Random Field）と呼ばれる機械学習のアルゴリズムを使うためのプログラムです。次のURLにアクセスし、CRF++のサイトを開きます（図4.2）。

URL https://taku910.github.io/crfpp/

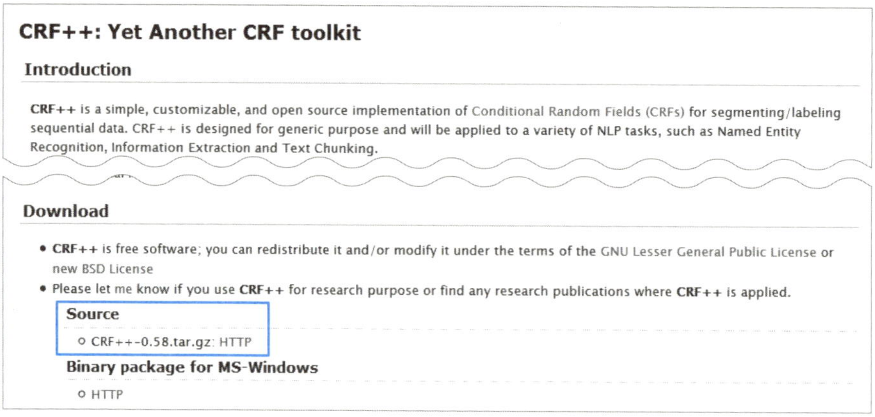

図4.2　CRF++のサイト

［Download］→［Source］→［HTTP］をクリックし、最新のバージョンの**CRF++-x.x.tar.gz**をダウンロードしましょう。執筆時点では、**CRF++-0.58.tar.gz**が最新です。ダウンロードできたら**CRF++-x.x.tar.gz**を**nlp**フォルダーの下にある**packages**フォルダーの下に置きましょう。

　CRF++をインストールするために、まず、プログラムをコンパイルする環境を整えます。**~/.bashrc**をテキストエディターで開いて、末尾に以下の1行を追加しましょう。

```
export LD_LIBRARY_PATH=/usr/local/lib
```

追加したら次のコマンドで読み込みます。これで**/usr/local/lib**フォルダーが、Linuxのライブラリの場所を表す環境変数に設定されます。

```
$ source ~/.bashrc
```

それではCRF++をインストールしていきましょう。次のコマンドを実行します。

```
$ cd ~/nlp/packages
$ tar -zxvf CRF++-0.58.tar.gz
$ cd CRF++-0.58
$ ./configure
$ make
$ sudo make install
```

`tar`コマンドでダウンロードしたファイルを展開し、`make`コマンドでプログラムをコンパイルしてインストールしています。

`make`に失敗して最初からやり直すときは、`make clean`を実行してください。

MeCab のダウンロードとインストール

同様に、次は MeCab をインストールしていきましょう。**MeCab** は形態素解析をするプログラムで、テキストを単語に分割し、それぞれの単語の品詞などを推定します。

次の URL にアクセスし、MeCab のサイトを開きます（図 4.3）。

🔗 http://taku910.github.io/mecab/

図 4.3　MeCab のサイト

［ダウンロード］→［Source］から、`mecab-x.x.tar.gz` をダウンロードしましょう。執筆時点では、`mecab-0.996.tar.gz` が最新です。またそのすぐ下にある IPA 辞書（`mecab-ipadic-x.x.x-x.tar.gz`）もダウンロードしましょう。執筆時点では、`mecab-ipadic-2.7.0-20070801` が最新です。ダウンロードした `mecab-x.x.tar.gz` と `mecab-ipadic-x.x.x-x.tar.gz` を、`nlp` フォルダーの下にある `packages` フォルダーの下に置いておきましょう。

それでは、MeCab をインストールしていきます。次のコマンドを実行してください。

```
$ cd ~/nlp/packages
$ tar -zxvf mecab-0.996.tar.gz
$ cd mecab-0.996
$ ./configure --with-charset=utf8
$ make
$ make check
```

```
$ sudo make install
```

同様に、次のコマンドで、MeCabの辞書もインストールします。

```
$ cd ~/nlp/packages
$ tar -zxvf mecab-ipadic-2.7.0-20070801.tar.gz
$ cd mecab-ipadic-2.7.0-20070801
$ ./configure --with-charset=utf-8
$ make
$ sudo make install
```

CaboChaのダウンロードとインストール

CRF++とMeCabの準備ができたので、ようやくCaboChaがインストールできるようになりました。次のURLにアクセスし、CaboChaのサイトを開きます（図4.4）。

URL https://taku910.github.io/cabocha/

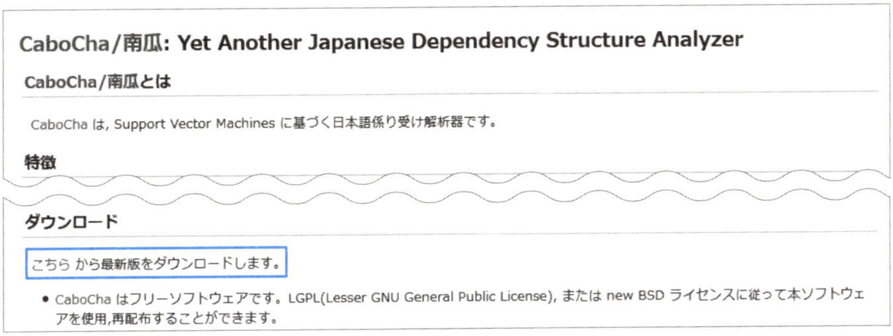

図4.4　CaboChaのサイト

ダウンロードのSourceのところから、`cabocha-x.x.tar.bz2`をダウンロードしましょう。執筆時点では、`cabocha-0.69.tar.bz2`が最新です。ダウンロードした`cabocha-0.69.tar.bz2`を、`nlp`フォルダーの下にある`packages`フォルダーの下に置きましょう。

それではCaboChaをインストールします。次のコマンドを実行してください。

```
$ cd ~/nlp/packages
$ tar -jxvf cabocha-0.69.tar.bz2
$ cd cabocha-0.69
$ ./configure --with-charset=UTF8
$ make
$ make check
```

```
$ sudo make install
```

> **Memo**
> configureの際に、MeCabでは「utf8」、辞書では「utf-8」、CaboChaでは「UTF8」というように、若干表記が違うので気を付けましょう。

続いて、次のコマンドを実行し、PythonからCaboChaを呼び出せるようにします。

```
$ cd ~/nlp/packages/cabocha-0.69/python
$ sudo python3 setup.py install
```

下記を実行して、CaboChaの解析結果が表示されれば成功です。

```
$ echo "プログラムを作って、動かしながら自然言語処理を学ぶ。" | cabocha -f2
プログラムを -D
      作って、-----D
      動かしながら ---D
      自然言語処理を -D
              学ぶ。
EOS
* 0 1D 0/1 2.175151
プログラム    名詞,サ変接続,*,*,*,*,プログラム,プログラム,プログラム
を      助詞,格助詞,一般,*,*,*,を,ヲ,ヲ
* 1 4D 0/1 -1.434783
作っ     動詞,自立,*,*,五段・ラ行,連用タ接続,作る,ツクッ,ツクッ
て      助詞,接続助詞,*,*,*,*,て,テ,テ
、      記号,読点,*,*,*,*,、,、,、
* 2 4D 0/1 -1.434783
動かし    動詞,自立,*,*,五段・サ行,連用形,動かす,ウゴカシ,ウゴカシ
ながら    助詞,接続助詞,*,*,*,*,ながら,ナガラ,ナガラ
* 3 4D 2/3 -1.434783
自然     名詞,形容動詞語幹,*,*,*,*,自然,シゼン,シゼン
言語     名詞,一般,*,*,*,*,言語,ゲンゴ,ゲンゴ
処理     名詞,サ変接続,*,*,*,*,処理,ショリ,ショリ
を      助詞,格助詞,一般,*,*,*,を,ヲ,ヲ
* 4 -1D 0/0 0.000000
学ぶ     動詞,自立,*,*,五段・バ行,基本形,学ぶ,マナブ,マナブ
。      記号,句点,*,*,*,*,。,。,。
EOS
```

上記の出力では、まず係り受け木の構造が出力され、そのあと1行ごとに単語とその品詞や活用形、原形などの情報が出力されています。

`* 0 1D 0/1 2.175151`の部分は0番目の文節の始まりを表しており、その中でも**1D**は1番目の文節を修飾していることを意味しています。

次節以降ではPythonからCaboChaを呼び出します。上記のようなコマンドラインで

CaboChaを実行したときの出力は使わないので、ここでは説明を省略します。出力の詳細に関しては、CaboChaの公式のWebページを参照しましょう。

MeCabでよく現れる品詞

理解を助けるために、頻出する品詞の一覧を表4.1に記載しておきます。

表4.1 MeCabで頻出する品詞

品詞	例
名詞	「言語」「料理」
動詞	「作る」「歩く」
形容詞	「赤い」「近い」
連体詞	「この」「たいした」
副詞	「しばしば」「ほとんど」
接続詞	「そして」「しかし」
接頭詞	「第」「ご」
感動詞	「ああ」「わーい」
フィラー	「えーっと」
記号	「。」「！」「$」
助詞	「は」「が」「を」
助動詞	「た」「ます」

4.5 PythonからCaboChaを呼び出そう

 PythonからCaboChaを呼び出すプログラム

PythonからCaboChaを動かしてみます。リスト4.1がCaboChaを実行するプログラムです。

リスト4.1 src/sample_04_01.py

```python
import CaboCha

cabocha = CaboCha.Parser('-n1')

def parse_sentence(sentence_str, sentence_begin):
    tree = cabocha.parse(sentence_str)     ← ❶

    offset = sentence_begin
    text = sentence_str
    for i in range(tree.chunk_size()):     ← ❷
        chunk = tree.chunk(i)
        chunk_begin = None

        print('chunk:')

        for j in range(
                chunk.token_pos,
                chunk.token_pos + chunk.token_size):     ← ❸
            token = tree.token(j)
            features = token.feature.split(',')
            token_begin = text.find(token.surface) + offset
            token_end = token_begin + len(token.surface)
            if chunk_begin is None:
                chunk_begin = token_begin

            print('    token_begin:', token_begin)   ←┐
            print('    token_end:',   token_end)      │
            print('    features:',    features)       │
            print('    lemma:',       features[-3])   ├ ❹
            print('    POS:',         features[0])    │
            print('    POS2:',        features[1])    │
            print('    NE:',          token.ne)   ←──┘
            print()

            text = text[token_end-offset:]
            offset = token_end

        chunk_end = token_end

        print('  chunk_link:',    chunk.link)
```

第4章 構文解析をしよう

```
        print('  chunk_begin:', chunk_begin)
        print('  chunk_end:', chunk_end)
        print()

if __name__ == '__main__':
    parse_sentence('プログラムを作って、動かしながら自然言語処理を学ぶ。', 0)
```

parse_sentence関数の中を見ていきましょう。まずcabocha.parse関数（❶）でCaboChaを呼び出し、係り受け木を取得します。次に、チャンク（chunk）ごとにforループを回しています（❷）。チャンクとは、「文節に相当する塊」です。さらに、トークン（token）ごとにforループを回して（❸）各チャンクに含まれる単語（トークン）の情報を出力しています（❹）。トークンは「単語」に相当します。以上により、入力された文をトークン（❹）およびチャンク（❺）に切り分けて表示します。

features、lemma、POS、POS2、NE、chunk.linkなどは、CaboChaが出力したものをそのまま表示しています。これらに関しては、まずプログラムを動かしてその出力を見ることで、どんな情報を取得しているかを確認することにしましょう。

一方、token_begin、token_end、chunk_begin、chunk_endは、CaboChaの出力をもとにプログラムの中で算出しています。token_beginとtoken_endは、トークンの開始位置と終了位置を表しており、テキストの中の何文字目から何文字目がそのトークンであるかを表しています。トークンの開始位置にトークンの長さを足し合わせることでトークンの終了位置を計算しています。同様に、chunk_beginとchunk_endはチャンクの開始位置と終了位置を表しており、それぞれ「チャンク内の最初のトークンの開始位置」と「チャンク内の最後のトークンの終了位置」を値としています。

実行してみる

それでは、次のコマンドを実行して、出力を確認してみましょう。

```
$ python3 src/sample_04_01.py
chunk:
    token_begin: 0
    token_end: 5
    features: ['名詞', 'サ変接続', '*', '*', '*', '*', 'プログラム', 'プログラム', 'プログラム']
    lemma: プログラム
    POS: 名詞
    POS2: サ変接続
    NE: O

    token_begin: 5
    token_end: 6
```

```
        features: ['助詞','格助詞','一般','*','*','*','を','ヲ','ヲ']
        lemma: を
        POS: 助詞
        POS2: 格助詞
        NE: 0

    chunk_link: 1
    chunk_begin: 0
    chunk_end: 6
chunk:
        token_begin: 6
        token_end: 8
        features: ['動詞','自立','*','*','五段・ラ行','連用タ接続','作る',
    'ツクッ','ツクッ']
        lemma: 作る
        POS: 動詞
        POS2: 自立
        NE: 0

        token_begin: 8
        token_end: 9
        features: ['助詞','接続助詞','*','*','*','*','て','テ','テ']
        lemma: て
        POS: 助詞
        POS2: 接続助詞
        NE: 0

        token_begin: 9
        token_end: 10
        features: ['記号','読点','*','*','*','*','、','、','、']
        lemma: 、
        POS: 記号
        POS2: 読点
        NE: 0

    chunk_link: 4
    chunk_begin: 6
    chunk_end: 10
chunk:
        token_begin: 10
...
```

まずは以下の部分に注目します。

```
        token_begin: 0
        token_end: 5
        features: ['名詞','サ変接続','*','*','*','*','プログラム','プログラム',
    'プログラム']
```

```
    lemma: プログラム
    POS: 名詞
    POS2: サ変接続
    NE: O
```

　これは「プログラム」の部分の解析結果であり、「プログラム」がサ変接続名詞であることがわかります。`token_begin`と`token_end`は、このトークンが、入力された文の0文字目から5文字目の手前であることを表しています。コンピューターでは一般的に文字列は0文字目から数えることに注意してください。

　`lemma`は単語の原形であり、`POS`（Part-of-Speech）はその単語の品詞です。`POS2`は品詞をより細かく分類したものです。`NE`（Named Entity）は固有表現かどうかを表しており、「O」は固有表現ではないことを意味しています。固有表現とは、人名・組織名・地名・日付・時間などのことです。

　それでは次に、以下の部分に注目しましょう。

```
chunk:
    token_begin: 0
    token_end: 5
    features: [' 名詞 ', ' サ変接続 ', '*', '*', '*', '*', ' プログラム ', ' プログラム ',
    ' プログラム ']
    lemma: プログラム
    POS: 名詞
    POS2: サ変接続
    NE: O

    token_begin: 5
    token_end: 6
    features: [' 助詞 ', ' 格助詞 ', ' 一般 ', '*', '*', '*', ' を ', ' ヲ ', ' ヲ ']
    lemma: を
    POS: 助詞
    POS2: 格助詞
    NE: O

  chunk_link: 1
  chunk_begin: 0
  chunk_end: 6
```

　これは、「プログラムを」の部分の解析結果です。このチャンクには「プログラム」のトークンと、「を」のトークンが含まれていることがわかります。`chunk_begin`と`chunk_end`は、このチャンクが、入力された文の0文字目から6文字目の手前までであることを表しています。`chunk_link`は、このチャンクが、1番目のチャンク「作って、」を修飾していることを表しています。

係り受け構造の解析結果のSQLiteへの格納

　それでは、先ほど作成したプログラムを改良して、WikipediaのWebページ全体のテキストに対して係り受け構造を解析して、SQLiteに格納できるようにしましょう。

文単位に分割する

　リスト4.1のプログラムでは、1つの文に対して係り受け構造の解析をしましたが、WikipediaのWebページのテキストは複数の文から構成されます。そのため、まず文単位に分割する必要があります。

　src/cabochaparser.pyを新規に作成し、文単位への分割処理を行う**split_into_sentences**関数および、文の構文解析処理を行う**parse_sentence**関数を定義します。

　そして、これらの関数を呼び出すことで文章に対して「文単位への分割処理」と「構文解析処理」を行う**parse**関数を定義します（**リスト4.2**）。

リスト4.2　src/cabochaparser.py

```
import re

import CaboCha

cabocha = CaboCha.Parser('-n1')
ptn_sentence = re.compile(r'(^|。|！|<__EOS__>)¥s*(.+?)(?=(。|！|<__EOS__>))',  ←①
                          re.M)

def split_into_sentences(text):
    sentences = []
    for m in ptn_sentence.finditer(text):   ←②
        sentences.append((m.group(2), m.start(2)))
    return sentences

def parse_sentence(sentence_str, sentence_begin, chunks, tokens):
    tree = cabocha.parse(sentence_str)

    offset = sentence_begin
    chunk_id_offset = len(chunks)
    text = sentence_str
    for i in range(tree.chunk_size()):
        chunk = tree.chunk(i)
        chunk_begin = None
        for j in range(
                chunk.token_pos,
                chunk.token_pos + chunk.token_size):
            token = tree.token(j)
            features = token.feature.split(',')
```

```
                    token_begin = text.find(token.surface) + offset
                    token_end = token_begin + len(token.surface)
                    if chunk_begin is None:
                        chunk_begin = token_begin

                    tokens.append({
                        'begin': token_begin,
                        'end':   token_end,
                        'lemma': features[-3],
                        'POS':   features[0],
                        'POS2':  features[1],
                        'NE':    token.ne,
                    })

                    text = text[token_end-offset:]
                    offset = token_end

            chunk_end = token_end
            if chunk.link == -1:
                link = -1
            else:
                # チャンクのIDを手前に出現したチャンス数だけずらす
                link = chunk.link + chunk_id_offset    ← ❸
            chunks.append({
                'begin':    chunk_begin,
                'end':      chunk_end,
                'link':     ('chunk', link),
            })

def parse(text):
    sentences = []
    chunks = []
    tokens = []
    sentence_begin = 0

    for sentence_str, sentence_begin in split_into_sentences(text):    ← ❹
        parse_sentence(sentence_str, sentence_begin, chunks, tokens)
        sentence_end = chunks[-1]['end']

        sentences.append({
            'begin':    sentence_begin,
            'end':      sentence_end,
        })

    return sentences, chunks, tokens
```

`split_into_sentences`関数を見てみましょう。文単位への分割では、高い精度を求めるためにさまざまな方法が開発されていますが、今回は簡単に「。」と「！」を文の末尾とみ

なして分割しています（❶❷）。加えて、スクレイピングの際に文書のHTMLタグの構造をもとに「文の区切り」を表す<__EOS__>を挿入しているので、<__EOS__>も同様に文の末尾とみなしています。

　prase_sentence関数は、リスト4.1のparse_sentence関数と同様です。ただし、チャンクのidを文書内で一意にするため、チャンクのlinkはその文より手前に出現したチャンクの個数分、つまりlen(chunks)の分だけずらして計算します（❸）。

　最後にparse関数でこれら2つの関数を呼び出して、文の情報を生成しています（❹）。

 文、チャンク、トークン情報をSQLiteに保存する

　文、チャンクおよびトークンの情報をSQLiteのテーブルに保存するために、src/sqlitedatastore.pyにset_annotation関数とget_annotation関数を追加します（リスト4.3）。

リスト4.3　src/sqlitedatastore.py

```
def set_annotation(doc_id, name, value):
    conn.execute(
        'UPDATE docs SET {0} = ? where id = ?'.format(name),    ←❶
        (json.dumps(value), doc_id))
    conn.commit()

def get_annotation(doc_id, name):
    row = conn.execute(
        'SELECT {0} FROM docs WHERE id = ?'.format(name),       ←❷
        (doc_id,)).fetchone()
    if row[0] is not None:
        return json.loads(row[0])
    else:
        return []
```

　それぞれUPDATE文（❶）とSELECT文（❷）を使って、SQLiteのテーブルのデータの更新と取得を行っています。ここでは、name変数がテーブルの列名に対応します。関数の名前にannotationとありますが、それは、文、チャンクおよびトークンの情報を**アノテーションデータ**として管理するためです。アノテーションとはテキストデータに付与する注釈のようなデータで、第5章で詳しく説明します。

保存されたテキストデータを CaboCha で解析する

それでは、以上の関数を用いて、SQLite に保存されているテキストデータに対し CaboCha を実行して、解析結果を SQLite に格納してみましょう。**リスト 4.4** が、そのプログラムです。

リスト 4.4　src/sample_04_04.py

```
import cabochaparser   as parser
import sqlitedatastore as datastore

if __name__ == '__main__':
    datastore.connect()
    for doc_id in datastore.get_all_ids(limit=-1):   ←❶
        row = datastore.get(doc_id, fl=['content'])
        text = row['content']
        sentences, chunks, tokens = parser.parse(text)   ←❷
        print('parsed: doc_id =', doc_id)

        datastore.set_annotation(doc_id, 'sentence', sentences)
        datastore.set_annotation(doc_id, 'chunk',    chunks)     ←❸
        datastore.set_annotation(doc_id, 'token',    tokens)

    datastore.close()
```

リスト 4.4 を詳しく見ていきましょう。

❶で SQLite に保存されている文書を呼び出し、**parser.parse** 関数（❷）で文単位への分割と構文解析を実行します。

続いて、**set_annotation** 関数で、文分割と構文解析の結果を SQLite に保存します（❸）。ここで **sentence**、**chunk**、**token** はテーブルの列名に相当します。これらの列は、第 3 章でテーブルを定義するときにあらかじめ作成していました。

それでは、次のコマンドで実行してみましょう。

```
$ python3 src/sample_04_04.py
```

これにより、実行結果がデータベースに保存されます。**sample.db** のファイルサイズが大きくなっているはずです。SQLite のテーブルの **sentence**、**chunk**、**token** の列に JSON 形式のデータが保存されているためです。

例えば、**chunk** の列には、以下のようなデータが保存されています。

```
[
    {
        "begin": 0,
        "end": 6,
        "link": ["chunk", -1]
    },
    {
        "begin": 16,
        "end": 24,
        "link": ["chunk", 7]
    },
    {
        "begin": 24,
        "end": 31,
        "link": ["chunk", 3]
    },
    {
        "begin": 31,
        "end": 37,
        "link": ["chunk", 4]
    },
    {
        "begin": 37,
        "end": 41,
        "link": ["chunk", 5]
    },
    {
        "begin": 41,
        "end": 45,
        "link": ["chunk", 6]
    },
    ...
```

　それぞれのチャンクの開始位置、終了位置、属性が格納されています。チャンクの場合は属性は、修飾先のチャンクのIDを表す link です。トークンの場合は、属性として「品詞（POS/POS2）」や「原形（lemma）」などが保存されています。

　早速、SQLiteに格納したデータを確認してみましょう。リスト4.5が、SQLiteから構文解析した結果を取得して表示するプログラムです。

リスト4.5　src/sample_04_05.py

```
import sqlitedatastore as datastore

if __name__ == '__main__':
    datastore.connect()
    for doc_id in datastore.get_all_ids(limit=3):
        row = datastore.get(doc_id, fl=['content'])
```

```python
        text = row['content']

        print('tokens:')
        for token in datastore.get_annotation(doc_id, 'token'):  # ←①
            print('  ', token['POS'], '\t', text[token['begin']:token['end']])

        print('chunks:')
        chunks = datastore.get_annotation(doc_id, 'chunk')
        for chunk in chunks:
            _, link = chunk['link']  # ←
            print('  ', text[chunk['begin']:chunk['end']])        ②
            if link != -1:
                parent = chunks[link]  # ←
                print('\t-->', text[parent['begin']:parent['end']])
            else:
                print('\t-->', 'None')

        print('sentences:')
        for sent in datastore.get_annotation(doc_id, 'sentence'):
            print('  ', text[sent['begin']:sent['end']])

    datastore.close()
```

SQLiteに格納されたデータの使い方を理解するため、**リスト4.5**を少し詳しく見ていきましょう。

❶の部分の`token`は、begin、end、POSなどの情報を持つ`dict`型のデータです。

ここでbegin、endはそれぞれ、トークンの開始位置と終了位置を表しています。そこで`text[token['begin']:token['end']]`とすることで、そのトークンの文字列を取得できます。

また❷の部分は、チャンクの修飾先のチャンクを取得しています。

`chunk['link']`で修飾しているチャンクのIDを取得し、そのIDで修飾先のチャンク`parent`を取得しています。このようにして、テキスト内の関係する部分をたどることができます。

次のコマンドを実行して、結果を確認してみましょう。

```
$ python3 src/sample_04_05.py
tokens:
    名詞        アイスランド
    助詞        は
    記号        、
    名詞        北
    名詞        ヨーロッパ
    助詞        の
    名詞        北大西洋
```

4.6　係り受け構造の解析結果のSQLiteへの格納　　71

```
（中略）
chunks:
    アイスランドは、
        --> 国家である
    北ヨーロッパの
        --> 北大西洋上に
    北大西洋上に
        --> 位置する
（中略）
sentences:
    アイスランドは、北ヨーロッパの北大西洋上に位置する共和制を取る国家である
    首都はレイキャビク
    総人口は約 337,610 人
    島国であり、グリーンランドの南東方、ブリテン諸島やデンマークの自治領であるフェロー諸島
    の北西に位置する
（後略）
```

　本文に続いて、トークン、チャンク、文の単位でそれぞれ区切られた結果が表示されています。チャンクの部分では、係り受け構造の係り先も矢印によって表されているのがわかります。

第5章 テキストにアノテーションを付ける

Theme
- アノテーションのデータ構造
- 正規表現のパターンによるテキストデータの解析
- 精度指標：Recall と Precision
- アノテーションの SQLite への格納

5.1 アノテーションとは

　本章では、正規表現のパターンを用いてテキストデータ中の名詞句に**意味付け**を行います。例えば、以下の文を見てみましょう。

```
プログラムを作って、動かしながら自然言語処理を学ぶ。
```

　この文には「自然言語処理」という技術名が含まれています。
　そこで、

```
プログラムを作って、動かしながら <technology_term> 自然言語処理 </technology_term> を学ぶ。
```

のように、タグで挟むなどして技術名であるということを注釈として付けておくと、あとで検索しやすくなったり、意味解釈しやすくなったりします。
　このように、元のテキストに付与する注釈のデータを、本書では**アノテーション**と呼ぶことにします。本章ではこのようなアノテーションを生成して、SQLiteに格納していきます。図5.1に示すようにSQLiteにアノテーションを格納し、格納したアノテーションデータを呼び出せるようにするのが本章のゴールです。

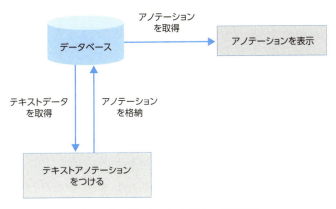

図5.1 アノテーションを格納・取得する

　本章では正規表現のパターンを用いて、簡単なアノテーションを作成してみて、アノテーションを付けるというイメージをつかみます。

5.2 アノテーションの用途

　テキストデータに多様なアノテーションを付与していくことをイメージしてみてください。上記の例の技術名の他にも、人名・会社名・地名・製品名など、さまざまなアノテーションが考えられるでしょう。また単一の句に付くアノテーションだけでなく、「AがBを引き起こす」といった原因ー結果の関係や、「AがB製品を発売した」といった企業ー製品の関係など、複数の語句にまたがる関係を表すアノテーションも考えられます。このような多様なアノテーションをテキストに付与していくことによって、テキストの持つ意味が解釈しやすくなります。

図5.2 テキストへのアノテーション

例えば、複数の文書の中から技術名が含まれる部分を検索で見つけたいとき、技術名をすべて列挙して検索する代わりに、技術名のアノテーションが付与されている部分を検索することで所望の部分を見つけることができます。また、図5.2のように原因ー結果の関係を表すアノテーションが付与されている場合は、『『自然言語処理』により何がもたらされるか」を検索することや、この情報をチャットボットなどの対話システムの質問応答に活用することができます。

アノテーションは自然言語処理の中間出力を保存することを意味します。そのため、アノテーションの価値は、複雑な自然言語処理のタスクを分割し、それぞれの出力を見える化することと考えることもできます。個々のアノテーションは独自に開発して精度を高めていき、それらのアノテーションを組み合わせて高度な自然言語処理のアプリケーションを構築する、というのが一つの指針になります。

5.3 アノテーションのデータ構造

アノテーションの情報をどのようにコンピューターで管理するかを考えます。前述のように、

```
プログラムを作って、動かしながら <technology_term> 自然言語処理 </technology_term> を学ぶ。
```

とタグで挟んで表現する方法が考えられます。しかしこれでは、複数のアノテーションが同じ文字列に重なる場合など、アノテーションが複雑にテキストに付く場合に、表現が難しくなります。図5.2を例にすると、「原因」のアノテーションが付与された文字列の一部に「技術」のアノテーションが付いています。このような場合、タグで挟む方法だと表現するのが難しくなります。

そこで、テキストデータ中の開始位置と終了位置でアノテーションが付いていることを表すことにします。本書では、開始位置を begin、終了位置を end で表します。例えば、上記の例であれば、技術名「自然言語処理」が17文字目から22文字目までに書かれているので、

```
{
    begin: 17,
    end:   23
}
```

と表せます。**end**はプログラミングの慣習にならい、終了する文字の位置の1つ次の位置を表すことにします。そのため、上記の例では22文字目で終わっていますが、**end**の値は**23**となります。

CaboChaによる構文解析で現れたアノテーション

　実は、本書ではすでにアノテーションを扱っています。第4章で出てきた、文、チャンク、トークンなどはアノテーションとして表現されています。**リスト4.3**を確認してみましょう。

　beginと**end**に加えて、その範囲のテキストが持つさまざまな情報を保持するようにします。例えば、第4章のトークンのアノテーションは、品詞を表す**POS**や、原形を表す**lemma**などの情報を保持していました。

　また、第4章のチャンクのアノテーションは、**link**という変数で他のチャンクのアノテーションへのリンクを持っており、2つのアノテーション間の関係のような構造も保持していました。

Column　アノテーションフレームワーク

　Javaベースのアノテーションフレームワークとして Apache UIMA があります。UIMAのモジュールとして、自然言語処理のアルゴリズムが公開されていることもあります。興味のある方は、インターネットで検索してみましょう。

　なお、UIMAや第6章で扱うオープンソースソフトウェアのbratも、テキスト上の開始位置と終了位置でアノテーション情報を管理しています。

正規表現のパターンによるテキストデータの解析

正規表現は、自然言語処理を行ううえで簡単で強力な道具です。**正規表現**とは、複数の文字列をコンパクトに表現する方法の一種です。ここではまず、正規表現の使い方を学びましょう。

正規表現の例

例えば、あらゆる大学名を列挙することを考えます。

バージニア工科大学，ニューヨーク州立大学，国際基督教大学，UAE 大学，...

この大学名を表す複数の文字列を表現する方法を考えます。例を見ると、「1文字以上の文字があり、続けて『大学』で終わる文字列」と表現することが考えられます。
これを正規表現で表すと、

.+大学

とコンパクトに書くことができます。ここで.は任意の1文字を表しており、+は直前の文字（. = 任意の1文字）の1回以上の繰り返しを表します。これにより、長いリストを作る必要がなくなり、大学名の集合をコンパクトに表現することができます。

正規表現のメリット・デメリット

ただし問題もあります。すべての大学名を正確に列挙したリストと、上記の正規表現で表される文字列の集合は、完全に同じものではありません。例えば、

太郎とバージニア工科大学
監修バージニア工科大学

は、「大学」で終わっており、先ほど示した正規表現が表す文字列集合に含まれていますが、「太郎と」や「監修」という余計な文字列が含まれてしまっており、文字列全体は大学名ではありません。日本語のテキストは連続した文字列なので「どこから大学名が始まるか」を判定するのも重要なのです。
また、

国立大学

も「大学」で終わっていますが、大学名ではありません。これらの例からわかるように、単純に大学名を表現するだけでも、いろいろと考えないといけないことがあることがわかります。

一方で、正規表現を使うことのメリットもあります。あらかじめ、すべての大学名をリストにしておく方法だと、新しくできた大学の名前に対して対応することができません。正規表現を使うとこのような場合にも対応することができます。

結局のところ、一長一短で、ユースケースによってどちらを使うかを決める必要があります。

一つの指針は、人がどうやっているかを考えることです。あらかじめ、すべての大学名をリストにしておく方法は、すべての大学名を人があらかじめ知っておくことに対応します。人は、はじめて見た大学名を、文字の並びだけから、それが大学名と判定できるでしょうか？

もしそれが可能ならば、すべての大学名をリストにしておかずとも、大学名であることを人と同じぐらいの精度で判定する方法がある可能性があります。

代表的な記法

表5.1に代表的な正規表現の記法を示します。Pythonで記述可能な正規表現に関しては、Pythonの`re`モジュールの仕様を調べてみましょう。

表5.1 正規表現の代表的な記法

記法	意味
.	任意の1文字
*	直前の文字の0回以上の繰り返し
+	直前の文字の1回以上の繰り返し
*?	直前の文字の0回以上の繰り返し、ただし最小部分にマッチ（最小マッチ）
+?	直前の文字の1回以上の繰り返し、ただし最小部分にマッチ（最小マッチ）
[^ABC]	A、B、C以外の1文字
A | B	AまたはB

ここでは、正規表現のパターンを使って、テキストの中の大学名を判定してアノテーションデータにする方法を考えます。正規表現は以下を使います。

.+? 大学

最小マッチになるよう、+ではなく+?を使うようにしています。これにより、一番最初に出てきた「大学」までを取得するようにしています。

ただ、上述したように、これではどこから大学名が始まっているかがわかりません。そこ

で第4章で付けたチャンクのアノテーションを使い、チャンクの先頭を大学名の先頭とすることにします。このアルゴリズムは完璧ではありませんが、思った以上にうまくいきます。

5.5 精度指標：RecallとPrecision

上述したように、完璧に動作するアノテーションプログラムを作成するのは思ったより難しいものです。自分の作ったプログラムが正しいかどうかを計るためにも、ここで精度の概念について説明しておきましょう。

精度とは、どのくらいコンピューターが正しく答えを返したか表す指標で、人工知能分野全般で使われる概念です。例えば、機械学習によりあるモデルを学習したときに、そのモデルがどのくらい正しく答えを返すことができるかを調べるときに使われます。機械学習以外でも、正規表現やアルゴリズムなどに対しても、その正規表現やアルゴリズムがどの程度正しく動作するかを調べるときに使われます。

自然言語処理には、人間がやっても精度が100%にならないものが多いという特徴があります。例えば、「大きな黒い瞳の少女」という文があったとき、瞳が大きいのか、少女が大きいのか、読む人によって解釈が異なるかもしれません。このように人間が書く文章は、意味が曖昧なものもあるため、読む人によっても解釈が異なってきたり、コンピューターが間違った答えを出しやすくなったりします。

そのため、精度は「あらかじめ人が用意した、正解を表すデータ」との一致率で計算されます。したがって、あくまで精度は人が判断したものにどのくらい近いかを表す指標になります。今回のような大学名を取り出すという問題では、人が判断すればほぼ100%間違いなく正解になるはずですから、悩むことなく精度を計算することができるでしょう。

今回のような抽出問題では、RecallとPrecisionの2つの精度指標があります。**Recall**とは、精度を表す指標の一つで「抽出すべきもののうち正しく抽出されたものの割合」です。一方**Precision**とは、精度を表す指標の一つで「抽出されたもののうち正しく抽出されたものの割合」です。

つまり、

　　Recall = 正しく抽出されたものの数 / 抽出すべきものの全体数
　　Precision = 正しく抽出されたものの数 / 抽出された数

となり、Recallは抽出漏れに関係する精度指標を、Precisionは誤抽出に関係する精度指標を意味します。Recallは「100%-漏れの割合」、Precisionは「100%-誤抽出の割合」と覚えておくとよいでしょう。

> **Memo** Recallは再現率、Precisionは適合率とも呼ばれます。

　上記の大学名をリストにしておく方式だと、新しくできた大学やリストにない大学を取得できないため抽出漏れが起こると考えられ、Recallが低くなる可能性があります。一方、正規表現による方法の場合は、大学で終わるものの大学名ではない文字列が取得できるため誤抽出が起こると考えられ、Precisionが低くなる可能性があります。

5.6　アノテーションのSQLiteへの格納

　それでは、大学名ともう1つ、学会名に対してもアノテーションを付けてみましょう。そこで、大学と同様に考えて、学会に関しても正規表現を作成してみます。リスト5.1は、大学・学会のアノテーションを付けるプログラムです。

リスト5.1　src/sample_05_01.py

```python
import re

import sqlitedatastore as datastore

def create_annotation(doc_id, ptn):
    row = datastore.get(doc_id, fl=['content'])
    text = row['content']
    annos = []
    for chunk in datastore.get_annotation(doc_id, 'chunk'):
        chunk_str = text[chunk['begin']:chunk['end']]   ← ❹
        m = ptn.search(chunk_str)   ← ❺
        if not m:
            continue
        anno = {   ←
            'begin':    chunk['begin'] + m.start(),
            'end':      chunk['begin'] + m.end(),      ❻
        }   ←
        print(text[anno['begin']:anno['end']])
        annos.append(anno)
    return annos

if __name__ == '__main__':
    dic = [   ←
        r'.+?大学',
        r'.+?学会',                                    ❶
        r'.+?協会',
    ]   ←
    ptn = re.compile(r'|'.join(dic))
```

```
        anno_name = 'affiliation'

        datastore.connect()
        for doc_id in datastore.get_all_ids(limit=-1):
            annos = create_annotation(doc_id, ptn)    ← ❷
            datastore.set_annotation(doc_id, anno_name, annos)   ← ❸
        datastore.close()
```

　リスト5.1を詳しく見ていきます。

　まず、__main__の中を見ましょう。最初に、❶で大学と学会の正規表現を定義しています。.は任意の1文字を表し、+?は直前の文字の1回以上の繰り返しに最短マッチします。そのため、「.+?」大学は先頭から「大学」の文字列で終わるまでの部分にマッチします。次に、「.+?大学」と「.+?学会」と「.+?協会」を|でつないで、正規表現としてコンパイルします。|は、「.+?大学」か「.+?学会」「.+?協会」のどれか1つにマッチすることを表します。

　続いて、それぞれの文書に対してcreate_annotation関数を実行して（❷）、アノテーションを生成しています。さらにset_annotation関数でSQLiteに生成したアノテーションを書き込んでいます（❸）。ここではアノテーション名をaffiliationとして、同名のSQLiteのカラムに書き込んでいます。

　create_annotation関数の中では、それぞれのチャンクに対しチャンクの文字列を取得し（❹）、それに対して正規表現でマッチングをかけています（❺）。マッチしたら、開始位置と終了位置を取得しています（❻）。先述したように「どこから大学名が始まっているか」を判定するために、第4章で付けたチャンクのアノテーションの先頭を大学名の先頭とすることにしています。チャンク単位で正規表現のマッチングをかけているので、チャンクの開始位置を表すchunk['begin']を、正規表現がマッチした位置に加えていることに注意してください。

> **Memo**
> 　実は、先ほど定義した正規表現では必ずチャンクの先頭からマッチするため、m.start()は必ず0になります。本章の後半で行う改良のために、m.start()を加えています。

　これを実行する前に、Pythonのインタラクティブモードで次のプログラムを実行して、テーブルにaffiliationという名前のカラムを追加しておきましょう。

```
$ python3
>>> import sqlite3
>>> conn = sqlite3.connect('sample.db')
>>> name = 'affiliation'
>>> conn.execute("ALTER TABLE docs ADD COLUMN '{0}' 'BLOB'".format(name))
```

```
>>> conn.close()
```

それでは、次のコマンドを実行して、アノテーションを付けてみましょう。大学名や学会名が表示されていれば成功です。

```
$ python3 src/sample_05_01.py
バージニア工科大学
ニューヨーク州立大学
『国際基督教大学
UAE 大学
国立大学
私立大学
単科大学
アルジェ大学
```

生成されたアノテーションはSQLiteに格納されています。早速、正しくデータが格納されているか確認してみましょう。以下がアノテーションを確認するプログラムです。

リスト5.2　src/sample_05_02.py

```python
import sqlitedatastore as datastore

if __name__ == '__main__':
    datastore.connect()
    anno_name = 'affiliation'
    for doc_id in datastore.get_all_ids(limit=-1):
        row = datastore.get(doc_id, fl=['content'])
        text = row['content']
        annos = datastore.get_annotation(doc_id, anno_name)
        for anno in annos:
            print('{0}: {1}'.format(anno_name.upper(),
                                    text[anno['begin']:anno['end']]))
    datastore.close()
```

プログラムを実行し、大学名や学会名が表示されていれば成功です。

```
$ python3 src/sample_05_02.py
AFFILIATION: バージニア工科大学
AFFILIATION: ニューヨーク州立大学
AFFILIATION: 『国際基督教大学
AFFILIATION: UAE 大学
AFFILIATION: 国立大学
AFFILIATION: 私立大学
AFFILIATION: 単科大学
AFFILIATION: アルジェ大学
```

正規表現の改良

　リスト5.2をもう一度動かして、よく出力を確認してみましょう。すると、大学名がうまく取得できていないものがあることに気が付くでしょう。これは、アノテーションがどういうものかを理解してもらうことを重視したため、ひとまずシンプルなアルゴリズムでやってみたためです。

　正確にアノテーションが取れたものの数を数えて、それを出力された数で割ってみましょう。その値が、前述したPrecision、つまり「100% − 誤抽出」を表す精度となります。

　さて、少しだけ**リスト5.1**を改良してみましょう。うまく取れていない例として、「『国際基督教大学』や「... Human Reproduction Update（ヨーロッパ生殖医学学会」などのようにカッコが付いているものがあります。他にも空白が直前に入っているものなどがあります。

　そこで、

```
dic = [
    r'.+?大学',
    r'.+?学会',
    r'.+?協会',
]
```

の部分（**リスト5.1** ❶）を、

```
dic = [
    r'[^『（( ]+?大学',  ← 「(」と「 」の間に半角空白が1つ入っていることに注意
    r'[^『（( ]+?学会',
    r'[^『（( ]+?協会',
]
```

と変えてみましょう。ここで、`[^ ]`は`^`に続く文字以外の1文字にマッチします。そのため`[^『（( ]+?`は、カッコと空白以外の連続する文字列にマッチします。

　変更できたらもう一度プログラムを実行して、改善されているか確認しましょう。さらに他にも精度を上げる方法がないか、自分で工夫してみるのもよいでしょう。

　本章では、チャンクのアノテーションを使うことで、大学や学会名を抽出するアルゴリズムを簡単に作ることができました。このようにアノテーションを再利用することで、より高度なアノテーションを簡単に開発していけるようにすることが重要です。

5.8 チャンクを使わない抽出アルゴリズムを考える

　最後に、チャンクのアノテーションを使わずに大学や学会名を抽出するアルゴリズムがどんなものになるか考えてみましょう。すると、すぐに2つの方法が思いつきます。

　1つ目は、大学名や学会名が始まるときの前後のパターンを統計的に調べておき、そのパターンに合致すれば、そこからアノテーションが始まると判定する方法です。例えば、上記で出てきたカッコや、助詞などと、名詞の間は大学名とその前の部分の切れ目になりやすいと想像できます。しかしさまざまな例外的なパターンがあるため、これをきちんとやるならば、機械学習を使うべきでしょう。

　事前に「大学名や学会名がテキスト中のどこから始まり、どこで終わるか」というデータを作成しておき、その切れ目のパターンを機械学習で学習します。このパターンを学習するのによく用いられる手法は、**CRF**（Conditional Random Field、条件付き確率場）と呼ばれる機械学習手法です。

　そう、CRFはCaboChaのインストール時にインストールしましたね！　つまり、実はCRFはCaboChaの中で使われているのです。第13章では、CRFを使ってアノテーションを付けてみます。

　2つ目の方法は、すべての大学名、学会名のリストを作成して、そのリスト内の表現との文字列マッチを行うことです。この方法は確実で、実用性が高いやり方です。ただ、辞書を作成するのが大変ですし、辞書に入っていない大学名・学会名を抽出することができません。

　人はテキストの文字列上のパターンから「ここが大学名だ」と推測することができます。それは、今述べた1つ目の方法と共通するところもあるのだと思います。

第6章

アノテーションを可視化する

> **Theme**
> - アノテーションツール brat
> - Web アプリケーションの作り方
> - brat の機能の Web アプリケーションへの組み込み

6.1　アノテーションを表示する Web アプリ

　本章では、第5章でテキストに付与したアノテーションをWebアプリケーションで可視化してみます。図6.1のように、Webアプリケーション上で本文が表示され、大学名が書かれている部分の上に「affiliation」というアノテーション名が青色のボックスで表示されるようにするのが本章のゴールです。

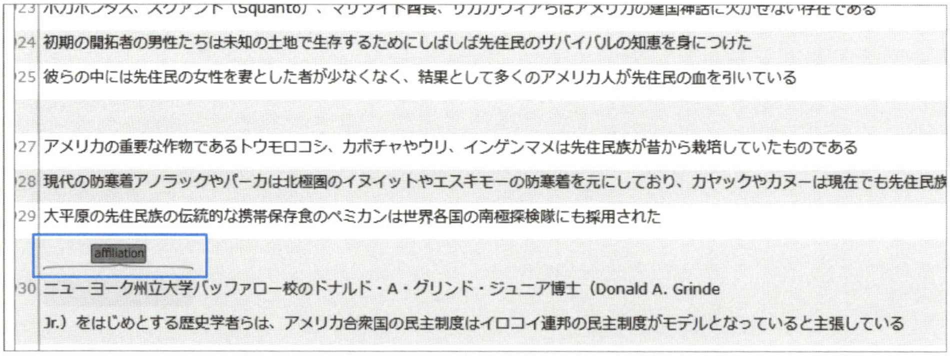

図6.1　Webアプリケーションによるアノテーションの表示

　アノテーションを可視化するために、オープンソースソフトウェアの **brat** を使います。
　そこで、本章の前半ではbratをインストールし、そのまま使用してアノテーションを可視化してみます。そのあと、Webアプリケーションの開発の仕方を簡単に学び、自分で開発したWebアプリケーション上でアノテーションを表示してみましょう。

第9章以降ではWebアプリケーションの形でプログラムを書いていくので、Webアプリケーションの開発がはじめての方は本章で基本的な部分を押さえるようにしましょう。

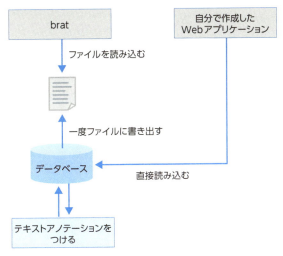

図6.2　アノテーションの可視化の構成

6.2　アノテーションを可視化する必要性

　第5章で見たように、アノテーションを完璧な精度で付与するのはなかなか難しい作業です。そのため、アノテーションを可視化できるようにしておくことで、抽出漏れや誤抽出に気付きやすくなります。

　また、アノテーションを組み合わせることで、より高度な解析ができるようになります。可視化することで、同じ場所に付いている複数のアノテーションを同時に見ることも可能になります。より高度な解析をする場合、複数のアノテーションを見比べることで、どのようなアルゴリズムにすればよいかが考えやすくなります。

6.3　アノテーションツール brat

　まずはオープンソースソフトウェアの brat をインストールしてそのまま使ってみましょう。

　brat は、手作業でテキストにアノテーションを付けるためによく使われます。そのため、brat にはアノテーションの編集機能なども用意されていますが、本節では可視化の用途のみで使っていきます。

brat のダウンロードとインストール

まずは次の URL から brat のサイト（図6.3）を開き、[Download vx.x] ボタンから brat をダウンロードします。

URL http://brat.nlplab.org/index.html

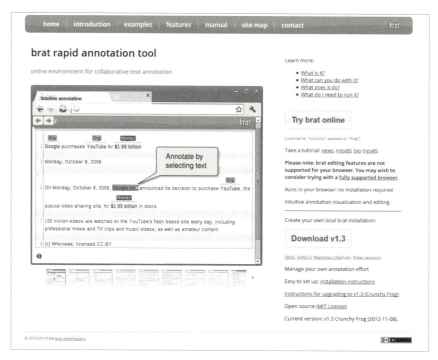

図6.3　brat のサイト

執筆時点のバージョンは 1.3 で、ファイル名は **brat-v1.3_Crunchy_Frog.tar.gz** です。ダウンロードしたら、**.tar.gz** ファイルを **nlp/packages** フォルダーの下に置いておきます。次のコマンドでダウンロードしたファイルを展開し、インストールしましょう。

```
$ cd ~/nlp/packages
$ tar -zxvf brat-v1.3_Crunchy_Frog.tar.gz
$ cd ~/nlp/packages/brat-v1.3_Crunchy_Frog
$ sh ./install.sh -u
```

その際、ユーザー名やパスワードなどを聞かれるので、自分で決めて入力しておきます。

 brat を立ち上げる

インストールが終わったら、次のコマンドでbratを立ち上げてみましょう。（本書の中ではここだけが）Python3でなく、**Python2**であることに注意してください。

```
$ cd ~/nlp/packages/brat-v1.3_Crunchy_Frog
$ python2 standalone.py
Serving brat at http://127.0.0.1:8001
```

> **Memo** Python2がインストールされていない場合は、次のコマンドを実行してインストールしてください。
>
> ```
> $ sudo apt install python-minimal
> ```

Webブラウザーで URL http://localhost:8001 にアクセスして、下記のような「Welcomeメッセージ」のページが表示されていれば成功です。

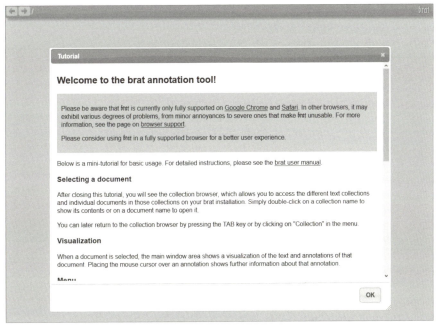

図6.4　bratのインストール

> **Memo** 以降、本書ではWebブラウザーとしてFirefoxを使うことを想定します。Webアプリケーションがうまく動かないときは、WebブラウザーをFirefoxに変えてみてください。

なお、コマンドライン上で、[Ctrl] キーを押しながら、[C] キーを押す（[Ctrl] + [c]）ことでbratを止めることができます。

アノテーションデータを brat 形式に変換する

続いて、第5章で生成したアノテーションをbratで表示するために、SQLiteに書き込んだアノテーションデータを取り出して、brat用のデータ形式に変換しましょう。

リスト6.1は、brat用のデータを生成するプログラムです。今まで使ってきた関数を使っているだけなので、説明は省略します。

リスト6.1　src/sample_06_01.py

```
import sqlitedatastore as datastore

if __name__ == '__main__':
    datastore.connect()
    anno_name = 'affiliation'
    for doc_id in datastore.get_all_ids(limit=-1):
        text = datastore.get(doc_id, fl=['content'])['content']
        with open('result/brat/{0}.txt'.format(doc_id), 'w') as f:
            f.write(text)
        with open('result/brat/{0}.ann'.format(doc_id), 'w') as f:
            for i, anno in enumerate(datastore.get_annotation(doc_id, anno_name)):
                f.write('T{0}\t{1} {2} {3}\t{4}\n'.format(
                    i,
                    'affiliation',
                    anno['begin'],
                    anno['end'],
                    text[anno['begin']:anno['end']]
                ))
    datastore.close()
```

次のコマンドで実行します。

```
$ mkdir ~/nlp/result/brat
$ python3 src/sample_06_01.py
```

実行すると、~/nlp/result/brat/の下に.txtと.annという2種類の拡張子のファイルができているはずです。それでは、これらの中身を見ていきましょう。

拡張子が.txtのファイルには、テキストの本文が書かれています。一方、拡張子が.ann

のファイルには、アノテーションが書かれています。例えば、**1.ann**というファイルには、**1.txt**の内容（本文）に対するアノテーションが書かれています。

もし**.ann**ファイルのファイルサイズが0であれば、アノテーションが1つも付いていないことを意味します。拡張子がannのファイルのうち、ファイルサイズが0でないものを開いてみましょう。

ファイルの中は、次のようになっているはずです。

```
T0	affiliation 36123 36132	バージニア工科大学
T1	affiliation 40361 40371	ニューヨーク州立大学
T2	affiliation 56957 56965	『国際基督教大学
```

T0、**T1**、**T2**はIDを表しています。その後ろにタブ区切りでアノテーション名が書かれており、その後ろに開始位置、終了位置が空白区切りで書かれています。

さらにその後ろに、メモとしてタブ区切りで「アノテーションが付与された部分のテキスト」が書かれています。これはbratの仕様であり、今後は使わないので、この部分に関してはここでは詳しく説明しません。

> **Memo**
> フォーマットの詳細が知りたい方は「brat standoff format」をキーワードとしてWeb検索してみましょう。

アノテーションデータを brat に読み込ませる

それでは、生成されたファイルをbratに読み込ませてみましょう。次のコマンドで、bratのフォルダーの下に生成されたファイルをコピーします。

```
$ mkdir ~/nlp/packages/brat-v1.3_Crunchy_Frog/data/nlp
$ cp ~/nlp/result/brat/* ~/nlp/packages/brat-v1.3_Crunchy_Frog/data/nlp/
```

bratが立ち上がっていなければ再度立ち上げ、ブラウザーで URL http://localhost:8001 を開いて、Welcomeメッセージの下にある［OK］ボタンを押してみましょう。図6.5のような「Open」ウィンドウが開くので、**nlp**フォルダーを選択して、その中のファイルを1つ選択します。

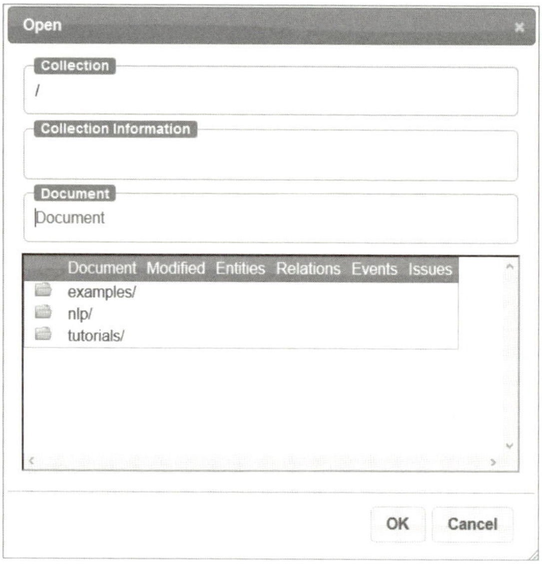

図6.5 「Open」ウィンドウ

　その際、Entitiesが0のファイルは何もアノテーションが付いていないので、Entitiesが0でないファイルを選択しましょう（図6.6）。

図6.6　ファイルの選択

　図6.7のように、第5章で付けたアノテーションが表示されていれば成功です。

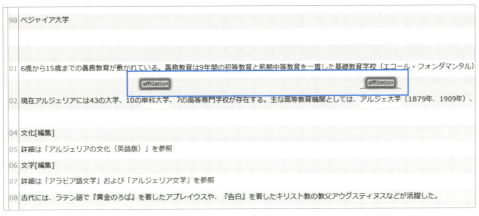

図6.7 アノテーションの表示

　エラーが出ているかもしれませんが、今後はbratをそのまま使うことはしないため、そのままで問題ありません。

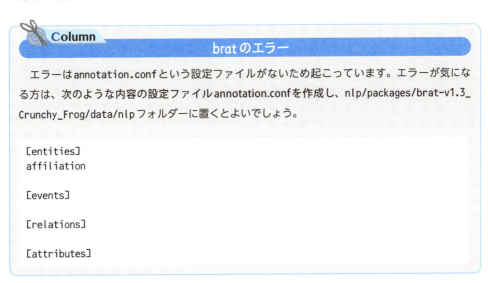

6.3 アノテーションツール brat

6.4 Webアプリケーション

これまではbratをそのまま使ってアノテーションを可視化しましたが、以下ではbratの機能を自分で作成したWebアプリケーションに組み込んで、アノテーションを表示してみます。

そのために、まずはWebアプリケーションの作り方を学びます。本書では、表6.1の構成でWebアプリケーションを開発していきます。

表6.1 Webアプリケーションのデータ構成

ページ／プログラム	言語	補足
Webページ	HTML	-
サーバーサイドのプログラム	Python	Webサーバーとしてbottleを使用
Webブラウザーで動くプログラム	JavaScript	JavaScriptのデータをHTML上に表示するためにVue.jsを使用

図6.8に構成図を示します。サーバーサイドのPythonプログラムでJSON形式のデータを生成して、Webブラウザー側に返し、それをJavaScirptで受け取って、Vue.jsの機能を使ってHTML上に表示する、というわけです。

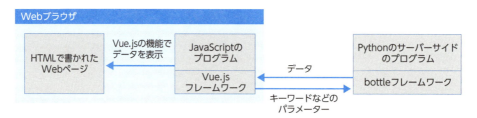

図6.8 Webアプリの構成図

「はじめてのWebアプリ」を作ってみよう

難しい説明はやめて、まずはやってみましょう。

まずは、次のコマンドを実行し、PythonのWebフレームワークであるbottleをインストールしましょう。

```
$ pip3 install bottle
```

リスト6.2が、サーバーサイドのプログラムです。

リスト6.2 src/sample_06_02.py

```python
import json

import bottle

@bottle.route('/')
def index_html():
    return bottle.static_file('sample_06_03.html', root='./src/static')   ❷

@bottle.route('/file/<filename:path>')
def static(filename):   ❸
    return bottle.static_file(filename, root='./src/static')

@bottle.get('/get')
def get():
    namae = bottle.request.params.namae   ❹
    return json.dumps({   ❺
            'greet': 'Hello World, {0}!'.format(namae)
        }, ensure_ascii=False)

if __name__ == '__main__':
    bottle.run(host='0.0.0.0', port='8702')   ❶
```

それでは、リスト6.2を詳しく見ていきましょう。

まず、一番下のif中（❶）でポート番号を8702と指定し、 URL http://localhost:8702 でアクセスできるようにしています。

index_html関数（❷）は、 URL http://localhost:8702 のルート（直下）にアクセスしたときに表示するファイルをsample_06_02.htmlと指定しています。

static関数（❸）は、 URL http://localhost:8702/file/ にアクセスしたときに、src/staticフォルダーの下のファイルを返すようにしています。

get関数がメインの部分です。ここでは、リクエストの中からnamaeという変数を受け取り（❹）、'Hello World, 'という文字列の後ろに追加してJSONデータを返しています（❺）。この関数は URL http://localhost:8702/get にアクセスしたときに実行されます。

次のコマンドで、実際に動かしてみましょう。

```
$ python3 src/sample_06_02.py
```

実行できたら、Webブラウザーで URL http://localhost:8702/get?namae=太郎 にアクセスしてみてください。これにより、namaeという変数に「太郎」が入ってサーバーサイドのプログラムのget関数に渡されます。図6.9のように{"greet": "Hello World, 太郎!"}と表示されていれば成功です。

```
{"greet": "Hello World, 太郎!"}
```

図6.9　はじめてのWebアプリ

 ## HTMLファイルを作成する

　しかし、`sample_06_03.html`を作成していないので、 URL http://localhost:8702 にアクセスするとエラーが表示されます。そこで次に`sample_06_03.html`を作成します。

　まず、HTMLファイルとJavaScriptのプログラム（次項で作成）を配置する`static`フォルダーを`src`フォルダーの下に作成しましょう。

```
$ mkdir src/static
```

　リスト6.3が、WebページとなるHTMLファイルです。

リスト6.3　src/static/sample_06_03.html

```html
<div id="hello">
   あなたの名前： <input type="text" v-model="namae"/><br/>
   <button v-on:click="run">Hello</button>
   <div>{{ result }}</div>
</div>
<br/>

<script src="https://unpkg.com/vue"></script>
<script src="https://cdn.jsdelivr.net/npm/vue-resource@1.3.4"></script>
<script src="/file/sample_06_04.js"></script>
```

　まだJavaScriptのプログラムがないので完全には動きませんが、 URL http://localhost:8702 にアクセスすると、Webページが表示されるはずです。

　`src/static/sample_06_03.html`では、テキストフィールドとボタンを配置しています。ここでは紙面の制約があるため、`html`タグや`head`タグ、`body`タグなどを省略しています。HTMLに詳しい方はご自分で適宜追加してください。

JavaScript プログラムを作成する

続けて、**リスト6.4**に示すようなJavaScriptプログラムを作成します。

リスト6.4　src/static/sample_06_04.js

```
var hello = new Vue({
    el: '#hello',          ←❶
    data: {                ←
        namae: '太郎',           ❷
        result: '',
    },                     ←
    methods: {
        run: function() {  ←
            this.$http.get(
                '/get',
                {"params": {
                    'namae':    this.namae,
                }},
            ).then(response => {         ❸
                this.result = response.body.greet;
            }, response => {
                // エラー時
                console.log("NG");
                console.log(response.body);
            });
        },                 ←
    }
});
```

リスト6.4のプログラムを具体的に見てみましょう。

まず、`el: '#hello'`は、`<div id="hello"> ... </div>`に対応しています（❶）。`data: { ... }`（❷）は変数を定義しており、`namae`は`<input type="text" v-model="namae"/>`に対応してテキストフィールドの中の文字列を表しています。また、`result`は、`<div>{{ result }}</div>`に対応しており、`div`ブロックの中の文字列を表しています。

`run: function() { ... }`の関数（❸）は、`<button v-on:click="run">Hello</button>`に対応しており、［Hello］ボタンが押されたときに実行されます。`this.$http.get('/get', ...)`により、URL http://localhost:8702/get に`namae`をパラメーターとしてリクエストを投げます。`this.$http.get`はVue.jsで提供されている関数で、サーバーサイドにリクエストを投げる関数です。`this.result = response.body.greet;`により、サーバーサイドのプログラムから返されたJSONの`greet`の値を`result`変数に代入します。これがそのまま`<div>{{ result }}</div>`に表示されます。

 アクセスしてみる

　それでは、 URL http://localhost:8702 にアクセスしてみましょう。Webページの[Hello]ボタンをクリックして、その下に、「Hello World, 太郎」と表示されれば成功です（図6.10）。

図6.10　Webアプリケーションのサンプル

　テキストフィールドの文字をいろいろと変更して試してみましょう。テキストフィールドに入力した文字が、JavaScriptからサーバーサイドのPythonのプログラムである **sample_06_02.py** に渡されます。そこで文字列が合成され、JavaScirptに戻ってきて、Webページに表示されています。

　第9章以降でもWebアプリケーションを開発していきます。意外に簡単だったという印象を持ってもらえれば幸いです。

Webアプリケーション開発時のデバッグ

　Webアプリケーションを開発しているときには、Web画面でJavaScriptのエラーを確認できると便利です。Firefoxなら、［Ctrl］＋［Shift］＋［k］キーを押してみましょう。もしくは、Firefoxのメニューから［ウェブ開発］→［ウェブコンソール］をクリックしましょう。Firefoxの下に、コンソールのウィンドウが表示されます。ここでJavaScriptのエラーを確認できます。

コンソールウィンドウの例

　またJavaScriptで、

```
console.log(obj)
```

とすると、JavaScriptのオブジェクト`obj`をコンソールで表示できます。

　Firefoxで、HTMLやJavaScriptを変更したのに、Web画面に反映されない場合は、［Ctrl］＋［F5］キーを押してみてください。「スーパーリロード」が行われ、ブラウザーのキャッシュを使わずに、画面を再表示します。

6.5 bratをWebアプリケーションに組み込もう

　あくまで「簡単に」ではありますが、前節でWebアプリケーションの開発の仕方を理解してもらえたはずです。ここからはbratの機能をWebアプリケーションに埋め込んでいきます。

　まず前節と同様に、サーバーサイドのプログラムから作っていきましょう。**リスト6.5**がサーバーサイドのプログラムです。

リスト6.5　src/sample_06_05.py

```
import json

import bottle

@bottle.route('/')
def index_html():
    return bottle.static_file('sample_06_06.html', root='./src/static')  ← ❶

@bottle.route('/file/<filename:path>')
def static(filename):
    return bottle.static_file(filename, root='./src/static')

@bottle.get('/get')
def get():
    data = {
        'collection': {  ← ❷
            "entity_types": [
                {
                    "type": "Person",
                    "bgColor": "#7fa2ff",
                    "borderColor": "darken"
                }
            ],
        },
        'annotation': {  ← ❸
            "text":
                "Ed O'Kelley was the man who shot the man who shot Jesse James.",
            "entities": [  ← ❹
                [
                    "T1",
                    "Person",
                    [ [ 0, 11 ] ]
                ],
                [
                    "T2",
                    "Person",
                    [ [ 20, 23 ] ]
```

第6章　アノテーションを可視化する

```
                ],
                [
                    "T3",
                    "Person",
                    [ [ 37, 40 ] ]
                ],
                [
                    "T4",
                    "Person",
                    [ [ 50, 61 ] ]
                ]
            ],
            "relations": [   ←—❺
                [
                    "R1",
                    "Anaphora",
                    [ [ "Anaphor", "T2" ], [ "Entity", "T1" ] ]
                ]
            ],
        },
    }
    return json.dumps(data, ensure_ascii=False)

if __name__ == '__main__':
    bottle.run(host='0.0.0.0', port='8702')
```

リスト6.5を詳しく見ていきましょう。sample_06_06.htmlを指定しているところ（❶）を除けば、リスト6.2との違いは、get関数だけです。

get関数は、固定のデータ構造のデータを返しているだけです。このデータ構造が、bratで解釈できるデータ構造になります。collectionのところでアノテーションの定義をしており、アノテーションの名前や表示するときの色を指定しています（❷）。annotationのところ（❸）で、本文と、それぞれのアノテーションのデータを指定しています。entities（❹）は単一のテキスト範囲のアノテーションであり、relations（❺）はentities間の関係を表すアノテーションです。このデータ構造はbratのJavaScriptライブラリの仕様です。

前節と同様に、まずサーバーサイドのプログラムだけで動かして確認してみましょう。次のコマンドでサーバーサイドのプログラムを起動します。

```
$ python3 src/sample_06_05.py
```

Webブラウザーで URL http://localhost:8702/get にアクセスして、get関数の中で定義したデータがそのまま表示されたら成功です。

次にsample_06_06.htmlを作成します。まず、次のコマンドで、bratのJavaScriptファイルとスタイルファイルをコピーします。

```
$ mkdir -p ~/nlp/src/static/third/brat
$ cp -r ~/nlp/packages/brat-v1.3_Crunchy_Frog/client ~/nlp/src/static/third/brat/
$ cp ~/nlp/packages/brat-v1.3_Crunchy_Frog/style-vis.css ~/nlp/src/static/↵
third/brat/
```

リスト6.6が、WebページとなるHTMLファイルです。

リスト6.6　src/static/sample_06_06.html

```
<link rel="stylesheet" type="text/css"
  href="/file/third/brat/style-vis.css"/>       ❷

<div id="brat">
  <button v-on:click="run">Visualize</button>
  <div id="brat"></div>
</div>
<br/>

<script type="text/javascript" src="/file/third/brat/client/lib/head.load.min.js">
</script>       ❶

<script src="https://unpkg.com/vue"></script>
<script src="https://cdn.jsdelivr.net/npm/vue-resource@1.3.4"></script>
<script src="/file/sample_06_07.js"></script>
```

　まだJavaScriptのプログラムがないので完全には動きませんが、URL http://localhost:8702 にアクセスすると、Webページが表示されるはずです。リスト6.3とほぼ同じなので細かい説明は省略しますが、bratのJavaScriptライブラリとCSSスタイルシートの読み込み（❶❷）が増えています。また、JavaScriptの読み込みが`sample_06_07.js`となっているのにも気を付けてください。

　続けてリスト6.7に示すJavaScriptのプログラムを作成します。

リスト6.7　src/static/sample_06_07.js

```
var bratLocation = '/file/third/brat';
head.js(
    // External libraries
    bratLocation + '/client/lib/jquery.min.js',
    bratLocation + '/client/lib/jquery.svg.min.js',
    bratLocation + '/client/lib/jquery.svgdom.min.js',

    // brat helper modules
    bratLocation + '/client/src/configuration.js',
    bratLocation + '/client/src/util.js',
    bratLocation + '/client/src/annotation_log.js',
    bratLocation + '/client/lib/webfont.js',
```

```
    // brat modules
    bratLocation + '/client/src/dispatcher.js',
    bratLocation + '/client/src/url_monitor.js',
    bratLocation + '/client/src/visualizer.js'
);

var brat_dispatcher = undefined;
head.ready(function() {
    brat_dispatcher = Util.embed('brat', {}, {'text': ''}, []);   ←❶
});

var brat = new Vue({
    el: '#brat',
    data: {
    },
    methods: {
        run: function() {
            this.$http.get(
                '/get',
                {"params": {
                }},
            ).then(response => {
                brat_dispatcher.post('collectionLoaded',   ←❷
                    [response.body.collection]);
                brat_dispatcher.post('requestRenderData',
                    [response.body.annotation]);
            }, response => {
                console.log("NG");
                console.log(response.body);
            });
        },
    }
});
```

それでは、**リスト6.7**を具体的に見ていきましょう。

まず、**head.js**でbrat関連のライブラリを読み込んでいます。head.readyでは、**Util.embed**関数でアノテーションの表示部を作成しています（❶）。他にも、**brat_dispatcher.post**によりサーバーサイドのプログラムから返されたJSON形式のデータをアノテーション表示部に渡しています（❷）。

ここで、URL http://localhost:8702 にアクセスしてみましょう。下記のWebページの［Visualize］ボタンをクリックして、その下にアノテーションが表示されれば成功です。

図6.11 Webアプリケーションによるアノテーションの表示

6.6 SQLiteからアノテーションを取得して表示する

　それでは、これまで学んだことを統合して、「SQLiteからアノテーションを取得して可視化する」プログラムを作りましょう。前節では、サーバーサイドのPythonのプログラムの中にアノテーションのデータをそのまま書き込んでいました。本節では、その部分をSQLiteから取得したアノテーションのデータに置き換えます。

　まず前節と同様に、サーバーサイドのプログラムから作っていきます。**リスト6.8**がサーバーサイドのプログラムです。

リスト6.8　src/sample_06_08.py

```
import json
import re

import bottle
import sqlitedatastore as datastore

@bottle.route('/')
def index_html():
    return bottle.static_file('sample_06_09.html', root='./src/static')  ← ①

@bottle.route('/file/<filename:path>')
def static(filename):
    return bottle.static_file(filename, root='./src/static')

@bottle.get('/get')
def get():
    doc_id = bottle.request.params.id  ← ②
    names = bottle.request.params.names.split()

    row = datastore.get(doc_id, fl=['content'])
    text = row['content']
    # text = re.sub(r'[。！]', '\n', text)

    data = {
        'collection': {
            'entity_types':    [],
        },
        'annotation': {
```

```python
            'text':        text,
            'entities':    [],
            'relations':   [],
        },
    }

    mapping = {}
    for name in names:
        annos = datastore.get_annotation(doc_id, name)  ←──❸
        for i, anno in enumerate(annos):
            data['collection']['entity_types'].append({
                'type':        name,
                'bgColor':     '#7fa2ff',
                'borderColor': 'darken'
            })

            Ti = 'T{0:d}'.format(len(data['annotation']['entities']) + 1)
            data['annotation']['entities'].append([
                Ti,
                name,
                [[anno['begin'], anno['end']]]
            ])
            mapping[(name, i)] = Ti  ←──❹

    for name in names:
        annos = datastore.get_annotation(doc_id, name)
        for i, anno in enumerate(annos):
            if 'link' not in anno:
                continue
            name_linked, i_linked = anno['link']
            if (name, i) not in mapping or (name_linked, i_linked) not in mapping:
                continue

            data['annotation']['relations'].append([
                'R{0:d}'.format(len(data['annotation']['relations']) + 1),
                'arg',
                [['src', mapping[(name, i)]], ['tgt', mapping[(name_linked,
                i_linked)]]]
            ])  ←──

    return json.dumps(data, ensure_ascii=False)


if __name__ == '__main__':
    datastore.connect()
    bottle.run(host='0.0.0.0', port='8702')
    datastore.close()
```

リスト6.8を具体的に見ていきましょう。sample_06_09.htmlを指定しているところ（❶）を除けば、リスト6.5との違いはget関数だけです。

　get関数の中では、idとnamesという名前のリクエストパラメーターを受け取っています（❷）。ここでは、namesについて、アノテーション名が空白区切りで連結されていることを想定しています。そこでsplitで分割し、アノテーション名の文字列のリストにしています。

　あとは、これまで何度も使ってきたget_annotation関数でアノテーションを取得して（❸）、リスト6.5のdataと同じ構造のデータに変換しています。やや長いですが、やっていることはデータを1つずつappendで追加しているだけなので、難しくはないでしょう。なお、linkの情報を扱うためにmapping変数を定義し、アノテーション名とアノテーションのIDからTiを呼び出せるようにしています（❹）。

　最後に、mapping変数からlinkの情報を取得してrelationのデータに変換しています（❺）。

　前節と同様に、まずサーバーサイドのプログラムだけで動かして確認してみましょう。次のコマンドでサーバーサイドのプログラムを起動します。

```
$ python3 src/sample_06_08.py
```

　Webブラウザーで URL http://localhost:8702/get?id=5&names=affiliation にアクセスして、アノテーションのデータが表示されれば成功です。idは先ほどbratで見たときにentitiesが0でなかった文書のものにしてください。

　次に、Webページとなるsample_06_09.htmlを作成しましょう（リスト6.9）。

リスト6.9　src/static/sample_06_09.html

```
<link rel="stylesheet" type="text/css" href="/file/third/brat/style-vis.css"/>

<div id="brat">
  annotation names: <input type="text" v-model="names"/><br/>  ←—❶
  id: <input type="text" v-model="id"/><br/>
  <button v-on:click="run">Visualize</button>
  <div id="brat"></div>
</div>
<br/>

<script type="text/javascript" src="/file/third/brat/client/lib/head.load.min.js">
</script>

<script src="https://unpkg.com/vue"></script>
<script src="https://cdn.jsdelivr.net/npm/vue-resource@1.3.4"></script>
<script src="/file/sample_06_10.js"></script>  ←—❷
```

リスト6.6との違いは、テキストフィールドが2つ増えている（❶）のと、JavaScriptの読み込みが`sample_06_10.js`となっていること（❷）だけです。

続いてJavaScriptのプログラムを作成します（リスト6.10）。

リスト6.10　src/static/sample_06_10.js

```javascript
var bratLocation = '/file/third/brat';
head.js(
    // External libraries
    bratLocation + '/client/lib/jquery.min.js',
    bratLocation + '/client/lib/jquery.svg.min.js',
    bratLocation + '/client/lib/jquery.svgdom.min.js',

    // brat helper modules
    bratLocation + '/client/src/configuration.js',
    bratLocation + '/client/src/util.js',
    bratLocation + '/client/src/annotation_log.js',
    bratLocation + '/client/lib/webfont.js',

    // brat modules
    bratLocation + '/client/src/dispatcher.js',
    bratLocation + '/client/src/url_monitor.js',
    bratLocation + '/client/src/visualizer.js'
);

var brat_dispatcher = undefined;
head.ready(function() {
    brat_dispatcher = Util.embed('brat', {}, {'text': ''}, []);
});

var brat = new Vue({
    el: '#brat',
    data: {                            ❶
        names: 'affiliation',
        id:    5,
    },
    methods: {
        run: function() {
            this.$http.get(
                '/get',
                {"params": {           ❷
                    'id':    this.id,
                    'names': this.names,
                }},
            ).then(response => {
                brat_dispatcher.post('collectionLoaded',
                    [response.body.collection]);
                brat_dispatcher.post('requestRenderData',
                    [response.body.annotation]);
```

```
        }, response => {
            console.log("NG");
            console.log(response.body);
        });
    },
  }
});
```

　リスト6.7との違いは、dataの部分（❶）と、this.$http.getでリクエストパラメーターとしてidとnamesを送っている部分（❷）だけです。

　それでは、 URL http://localhost:8702 にアクセスしてみましょう。テキストフィールドの［id］をいろいろ変えて、［Visualize］ボタンをクリックしてみましょう。アノテーションが表示されれば成功です（図6.12）。

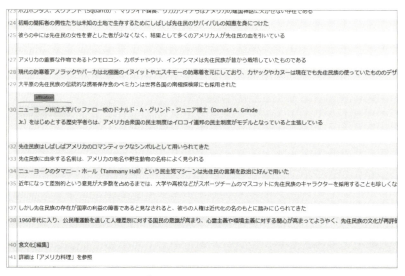

図6.12　Webアプリケーションによるアノテーションの表示

　chunkや、token、sentenceもアノテーションでした。テキストフィールドに、chunk、token、sentenceなどを入力して、表示されるか試してみましょう。

> **Memo**
> 　1行に1文で表示したい場合は、リスト6.8の中のコメントアウトを外して、text = re.sub(r'[。！]', '¥n', text)を実行するようにしてみましょう。これにより、文末の「。」「！」は表示されなくなりますが、1行に1文が表示されて見やすくなります。

第7章 単語の頻度を数えよう

Theme
- 単語の重要度とTF-IDF
- 文書間の類似度
- 言語モデルとN-gram
- クラスタリングとLDA

7.1 テキストマイニングと単語の頻度

　本章では、テキストマイニングの基本を学ぶために、単語の出現頻度を数えてみましょう。**テキストマイニング**とは、テキストデータを対象として、さまざまな手法を使って分析を行い、有用な知見を見つけ出すことです。テキストマイニングでは主に、単語の出現頻度をベースとした統計的な手法が使われます。

　例えば、単語の出現頻度を用いて、その文書に出てくる単語それぞれの重要度を推定することができます。ある文書に対して、その文書中の重要度の高い単語を並べることで、その文書がどのような内容なのか、文書の特徴をつかみやすくなります。また単語の「並び」の出現頻度を計算することで、どのような言語表現がよく使われるのかがわかります。

　これを応用すると、単語の並びの自然さを計算することができるようになります。また文書中の各単語の重要度や出現頻度にもとづいて、類似した文書を探したり、類似した文書同士をまとめ上げたりできます。

　これらのテキストを扱う統計的手法を使えるようにするのが本章のゴールです。

7.2　統計的手法の用途

　ニュース記事やブログの中で、それぞれの単語が何回出現しているかを月ごとに計算することで「トレンド」を調べることができます。出現頻度が急激に増えている単語があれば、最近注目を浴びている事柄である可能性が高いでしょう。

　このように、テキストマイニングでは、単語の出現頻度などの統計情報を算出するのが有効です。単なる出現頻度ではなく、単語の重要度を計算したり、2つ以上の単語の組み合わせが同時に出現する回数を調べたりするのも有用です。

　テキストマイニング以外でも、統計的手法を使うことがあります。文書間の類似度を計算するのに、単語の出現頻度にもとづく方法が使われます。文書間の類似度を計算できると、ある文書に類似した文書を検索することができます。人と対話形式で質問応答（QA：Question Answering）をするアプリケーションにおいても使われます。このようなアプリケーションでは「何を聞かれたら、何を答えるか」といった、質問（Q）とそれに対する回答（A）のペアをあらかじめデータベースに準備しておきます。そのうえで、ユーザーが入力した質問に最も類似したQを見つけ、それに対応するAを出力することで、質問応答するシステムを実現できます。

　他にも、音声認識や翻訳において、統計的な手法が使われます。音声認識や翻訳では、最終的に人が見て自然なテキストを出力する必要があります。そこで、単語の並びが自然になるように、単語の出現頻度をベースとした統計モデルを使って出力が自然になるようにします。

7.3　単語の重要度とTF-IDF

　文書内に出現する各単語について重要度という値を計算できれば、さまざまな処理を実現できるため、大変便利です。重要度を使って文書内の重要な語を拾い上げることができれば、その記事の特徴を表したり、その記事の中の重要なキーワードを提示して要約の代わりにしたりできるでしょう。

　一般には、重要な単語は「文書ごとに異なる」と考えたほうがよいでしょう。それでは、ある一つの文書に注目したときに、その中の重要な単語とは何でしょうか。理想的には、すべての文の意味を理解したうえで、文章全体が伝えたい内容を踏まえて単語を決定すべきです。しかし、それはなかなか難しいので、もっと簡単に使える方法があると便利です。

　単に「その文書中に出現する回数が多い単語」を重要な単語だとしてしまうと、「世の中でたくさん使われる単語」と「その文書でよく使われる単語」を区別できません。そこで、その文書中ではよく出現するが、世の中一般ではあまり使われていない単語を、その文書

での特徴的な単語とみなすことが考えられます。

TF-IDF

文書中に含まれる単語の重要度を評価する手法としては、**TF-IDF**が有名です。TF-IDFは、TFとIDFを掛け算した値です。**TF**（Term Frequency）とは、その文書中における単語の出現回数であり、今注目している文書に対して計算する値です。一方、**IDF**（Inverse Document Frequency）は、全文書に対して計算する値であり、全文書数をその単語が出現する文書数で割った値の対数です。

つまり文書dの中にある単語wの、tf-idf(w, d)は

$$\text{tf-idf}(w, d) = \text{tf}(w, d) \times \text{idf}(w)$$
$$= 単語wの文書d中での出現回数 \times \log\frac{全文書数}{単語wが出現する文書数}$$

と表すことができます。idf(w)の部分で、「他の文書での出現回数が増えると重要度の値が下がる」という効果が出ます。これにより、多くの文書に出現する一般的な語よりも、特定の文書にしか出現しない単語のほうが重要度が高くなりますね。

実際は、TF-IDFの計算にはいくつかの流儀があります。計算式の定義の詳細にはあまりこだわらず、こういうものだと思いましょう。

コーパス

上記のIDFの計算では、1つの文書だけではなく、全体となる文書集合の存在を仮定しています。このような大量のテキスト集合は**コーパス**と呼ばれます。一般にコーパスとは、大量のテキストデータを集めたもので、言語がどのような使われ方をしているかを調べるために使われます。

自然言語処理において統計的手法を用いるときには、コーパスを使って単語の出現頻度を計算していくことになります。

TF-IDF を計算する

それでは、TF-IDFを計算してみましょう。まずは機械学習のライブラリ`scikit-learn`をインストールしておきましょう。

以下のコマンドを実行してください。

```
$ pip3 install sklearn
```

リスト 7.1 が、TF-IDF を計算するプログラムです。

リスト 7.1　src/sample_07_01.py

```
import json

from sklearn.feature_extraction.text import TfidfVectorizer

import sqlitedatastore as datastore

if __name__ == '__main__':
    datastore.connect()

    data = []
    doc_ids = []
    for doc_id in datastore.get_all_ids(limit=-1):
        data.append(' '.join(                    ←❶
            [token['lemma'] for token in datastore.get_annotation(doc_id,
                                                                  'token')]))
        doc_ids.append(doc_id)                   ←❷

    vectorizer = TfidfVectorizer(analyzer='word', max_df=0.9)   ←❸
    vecs = vectorizer.fit_transform(data)        ←❹

    for doc_id, vec in zip(doc_ids, vecs.toarray()):
        meta_info = json.loads(datastore.get(doc_id, ['meta_info'])['meta_info'])
        title = meta_info['title']
        print(doc_id, title)

        for w_id, tfidf in sorted(enumerate(vec), key=lambda x: x[1],
                                  reverse=True)[:10]:   ←❺
            lemma = vectorizer.get_feature_names()[w_id]  ←❻
            print('\t{0:s}: {1:f}'.format(lemma, tfidf))
    datastore.close()
```

それでは詳しく見ていきましょう。

まず文書ごとに出現する単語の原形を取り出して、空白区切りで data 変数に格納します（❶）。あとで呼び出すために文書 ID も同じ順番で doc_ids 変数に格納しておきます（❷）。

次に、sklearn の TfidfVectorizer を利用して、TF-IDF 値を計算します（❸）。この vectorizer の fit_transform 関数は、引数で与えられた文書集合をもとにして各文書中の単語の TF-IDF 値を計算します（❹）。fit_transform 関数の返り値として出力されるのは、各文書に対する TF-IDF ベクトルです。全文書中に出現する単語一つ一つに番号（単語 ID）を割り当てて、その番号順に TF-IDF 値を格納したリストが TF-IDF ベクトルです。例えば "言語" という単語に ID 0 番を割り当てた場合、"言語" の TF-IDF 値は TF-IDF ベクトルの 0 番目の要素になります。

vecs 変数には、data 変数として与えられた各文書の TF-IDF ベクトルが格納されるため、TF-IDF ベクトルのリストが格納されます。ちなみにベクトルのリストは行列の形であるため、vecs は行列である matrix クラスの変数になっています。なお、このプログラムでは、多くの文書に出現する単語は重要語ではないと考えて、TfidfVectorizer で max_df として 0.9 を指定することで全文書中の 9 割以上の文書に出現する単語は無視しています。

最後に、vecs 変数に対して for 文を回し、文書 ID とタイトルを表示したあとに、TF-IDF ベクトルである doc 変数を enumerate 関数を使って単語 ID とひも付けてから TF-IDF 値の高い順にソートし（❺）、文書中の単語を TF-IDF 値が高い順に 10 個表示しています。TF-IDF ベクトルにおける単語 ID がどの単語に対応するかは、vectorizer の get_feature_names 関数から取得しています（❻）。

コマンドラインから実行してみましょう。成功すると、各文書の ID およびタイトル、そしてそれぞれの文書中の重要度の高い 10 単語が表示されます。重要度の高い語を見るだけで、なんとなく文書の中身がわかるような気がしませんか？

```
$ python3 src/sample_07_01.py
1 アイスランド
        アイスランド : 0.858932
        漁業 : 0.097162
        加盟 : 0.092740
        地熱 : 0.084390
        捕鯨 : 0.079494
        温泉 : 0.075585
        危機 : 0.069717
        火山 : 0.066799
        海嶺 : 0.056840
        本島 : 0.056821
2 アイルランド
        アイルランド : 0.926573
        北アイルランド : 0.127707
        イギリス : 0.075044
        イングランド : 0.066847
        アメリカ : 0.047676
        植民 : 0.043549
        多く : 0.042476
        ケルト : 0.040011
        人気 : 0.038250
        ダブリン : 0.037556
3 アゼルバイジャン
        アゼルバイジャン : 0.806106
        アルメニア : 0.211616
        バクー : 0.197607
        カスピ海 : 0.183535
        ロシア : 0.131303
```

```
ワイン：0.114890
イラン：0.110166
共和：0.106017
地方：0.079617
大統領：0.077159
...
```

7.4 文書間の類似度

上記で、vecs[0]は0番目の文書のそれぞれの単語のTF-IDF値が入っています。ここでvecs[0]とvecs[1]のベクトル間の距離を測ることで、0番目の文書と1番目の文書の近さを計算することができます。これが、文書における単語の重要度を加味した文書間の類似度になります。

 ### コサイン類似度

ベクトルの距離の計算には、コサイン類似度がよく使われます。これは三角関数のコサインと同じで、コサイン類似度が1に近いほど「ベクトル同士の成す角度が小さい」、つまり類似している、ということを意味しています。一方0の場合は「ベクトル同士が直行する」、つまり類似していないことを意味します。

TF-IDFベクトル同士のコサイン類似度は、共通する単語が多いほど大きくなり、特にTF-IDF値の高い単語が共通しているときにより大きくなります。つまり、TF-IDFベクトルのコサイン類似度は、特徴的な単語が両方ともに出現するときに類似しており、共通する単語が少ないときに類似していない、という計算になります。

ベクトルxとベクトルyの間のコサイン類似度は、以下の式で計算できます。

$$\mathbf{x}とyのコサイン類似度 = \frac{\mathbf{x}とyの内積}{\mathbf{x}の絶対値 \times \mathbf{y}の絶対値}$$

$$= \frac{\sum_i x_i y_i}{\sqrt{\sum_i {x_i}^2} \times \sqrt{\sum_i {y_i}^2}}$$

ここで、x_i、y_iはそれぞれベクトルx、yのi番目の成分を表します。

 ### 類似文書検索

文書間の類似度を使って、ある文書が入力されたときに、その文書に近い文書を探すことを**類似文書検索**といいます。実際に類似文書検索を試してみましょう（**リスト7.2**）。

リスト7.2　src/sample_07_02.py

```python
import json

from sklearn.feature_extraction.text import TfidfVectorizer
from sklearn.metrics.pairwise import cosine_similarity

import sqlitedatastore as datastore

if __name__ == '__main__':
    datastore.connect()

    data = []
    doc_ids = []
    for doc_id in datastore.get_all_ids(limit=-1):
        data.append(' '.join(
            [token['lemma'] for token in datastore.get_annotation(doc_id,
            'token')]))
        doc_ids.append(doc_id)

    vectorizer = TfidfVectorizer(analyzer='word', max_df=0.9)
    vecs = vectorizer.fit_transform(data)

    sim = cosine_similarity(vecs)   ←❶
    docs = zip(doc_ids, sim[0])
    for doc_id, similarity in sorted(docs, key=lambda x: x[1], reverse=True):   ←❷
        meta_info = json.loads(datastore.get(doc_id, ['meta_info'])['meta_info'])
        title = meta_info['title']
        print(doc_id, title, similarity)
    datastore.close()
```

　それでは、プログラムの中を詳しく見ていきましょう。TF-IDFのベクトルを作るところまでは**リスト7.1**と同じです。

　リスト7.2では、**sklearn**ライブラリの`cosine_similarity`関数によりコサイン類似度を測定します（❶）。この`cosine_similarity`関数は、入力された全文書中における、文書対のすべての組み合わせに対し、類似度を計算します。したがって、その出力は行列の形になります。この行列で、例えば[2][3]の要素は、2番目の文書に対する、3番目の文書の類似度の値です。ここでは、0番目の文書に対して類似度の高い文書だけを表示するため`sim[0]`だけを表示します。`sim[0]`を類似度の高い順にソートして**for**文を回し、文書IDと文書のタイトルと類似度の値を表示します（❷）。

　コマンドラインから実行してみましょう。成功すると、0番目の文書である文書ID 1「アイスランド」の記事に対して、類似度の高い記事のタイトルと計算された類似度が表示されます。自分自身を除く処理をプログラム内で行っていないため、「アイスランド」自身が最も類似度が大きくなっています。

```
$ python3 src/sample_07_02.py
1 アイスランド 0.9999999999999996
101 デンマーク 0.14751130781499516
5 アメリカ合衆国 0.11662672624840421
35 オーストラリア 0.10386211551344042
192 日本 0.10034629943447679
117 ノルウェー 0.0997605161186184
131 パレスチナ国 0.09911021417720656
34 オランダ 0.09739501235696989
15 イギリス 0.09380948678584279
135 フランス 0.09226412509942648
78 スウェーデン 0.09137248802012121
...
```

Solrでの類似文書検索

実は、Solrにも類似文書検索の機能があります。この機能は、**MoreLikeThis**と呼ばれています。Solrを立ち上げて、Webブラウザーから以下のURLを入力してみましょう。

URL http://localhost:8983/solr/doc/select?mlt.count=10&mlt=true&q=id:1&mlt.fl=content_txt_ja&mlt.maxdfpct=90&fl=id,title_txt_ja

すると、図7.1のような類似検索結果が得られます。

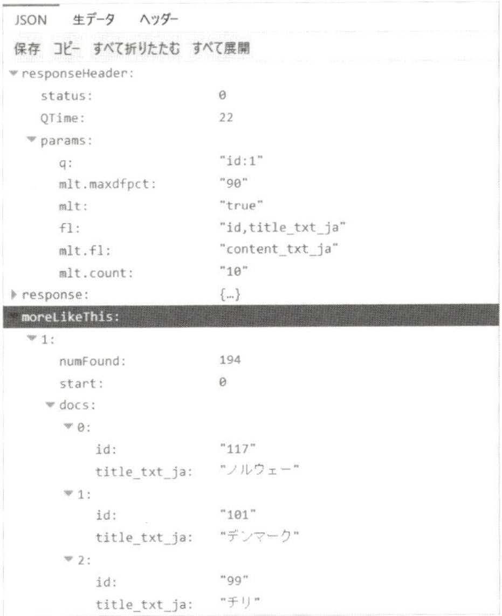

図7.1 SolrのMoreLikeThis機能による類似検索結果

7.4 文書間の類似度 117

MoreLikeThisのクエリを簡単に確認しておきましょう。`mlt=true`と`mlt.fl`を設定すると、MoreLikeThis機能による類似検索ができます。

　`mlt.fl`には、類似度を計算する対象のフィールド名を指定します。記事の本文の類似度を使うため、ここでは`content_txt_ja`を指定しています。

　そして、どの記事との類似度を測るかをクエリ`q`として指定します。ここでは`id:1`の記事を指定しています。

　加えて、類似検索のパラメーターとして`maxdfpct`を設定します。これは`sample_07_01.py`の`max_df`と同じ意図のもので、全文書中の9割以上の文書に出現する単語は無視するという設定です。

　類似検索結果は、`moreLikeThis`の中に返ってきています。文書1に対する類似検索結果は`1`の中に書かれています。`doc`内に、類似度の高い順番で、`fl`パラメーターで指定したとおり、記事の`id`と`title_txt_ja`が記載されています。画面のとおり、文書1「アイスランド」と類似度が高い記事は「ノルウェー」「デンマーク」「チリ」「オランダ」「スウェーデン」であるという、リスト7.2の実行結果と似た結果が得られています。Solr内部での類似度の計算方法が`sklearn`を使ったときとは少し異なるため一部結果が変わっていますが、類似度の計算の仕方はさまざまなのであまり気にする必要はありません。

　類似度を確認したい場合は、先ほどのURLに`debugQuery=true`を追加します。

URL　http://localhost:8983/solr/doc/select?mlt.count=10&mlt=true&q=id:1&mlt.fl=content_txt_ja&mlt.maxdfpct=90&fl=id,title_txt_ja&debugQuery=true

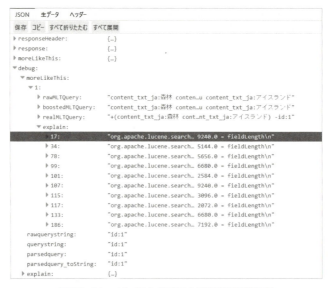

図7.2　MoreLikeThis機能による類似度計算結果

［debug］→［moreLikeThis］→［1］以下の explain に、各記事との類似度が表示されます。

7.5 言語モデルと N-gram モデル

言語モデルとは、単語の並びに対して、その発生確率を返すものです。通常は、与えられたコーパスの中での単語の出現頻度にもとづいて言語モデルが算出されます。具体的な例で考えたほうが理解しやすいと思いますので、言語モデルの一種である N-gram モデルで説明します。

N-gram モデル

N-gram モデルは、言語モデルの一種で「単語の出現確率がその前の N-1 個の単語にのみ依存する」と仮定したモデルです。機械学習などに使うテキストの特徴量のことを N-gram ということもありますが、本章では、言語モデルとしての N-gram について述べます。

例えば、

［BOS］古く から 人 が 居住 する ［EOS］

という文章を考えます。今はわかりやすいように、単語は空白区切りにして、文頭に［BOS］（Begin Of Sentence）、文末に［EOS］（End Of Sentence）を入れています。

この文章の発生確率を、

P("[BOS]", "古く", "から", "人", "が", "居住", "する", "[EOS]")

と書くことにします。ここで上記の確率が何を意味するかの意味論はいったん置いておきましょう。

N=3 のときの、3-gram モデルは、単語の出現確率が、その前の 2 (=3-1) 個の単語にのみ依存すると仮定したモデルです。つまり、上記の確率を、

P("[BOS]", "古く", "から", "人", "が", "居住", "する", "[EOS]")
= P("[BOS]", "古く")× P("から" | "[BOS]", "古く")× P("人" | "古く", "から")
　×P("が" | "から", "人")× P("居住" | "人", "が")× P("する" | "が", "居住")
　×P("[EOS]" | "居住", "する")

と表します。ここで、

$$P(\text{"人"} \mid \text{"古く"}, \text{"から"})$$

は、

- 単語「古く」「から」が、この順で現れたあとに
- 単語「人」が出現する

確率のことです。これは、「人」が出現する確率が、直前の2単語のみに依存しているとみなしていることになります。なお P("[BOS]", "古く") は、文頭に単語「古く」が現れる確率です。このように、ある事象が起きた条件下で別の事象が起こる確率を**条件付き確率**といいます。

　このような確率は、大量のテキストの集合（すなわちコーパス）があれば、単語の組み合わせの出現頻度を数えて、全体数で割り算することで計算することができます。例えば、

$$P(\text{"人"} \mid \text{"古く"}, \text{"から"}) =$$
コーパス中で単語の「古く」「から」が、この順で現れたあとに「人」が現れる回数
/コーパス中で単語の「古く」「から」が、この順で現れる回数

として計算することができます。

　同様に、すべての単語に対して

$$P(単語 \mid 2つ前の単語, 1つ前の単語 g)$$

をあらかじめ計算しておきます。すると、

$$P(\text{"[BOS]"}, \text{"古く"}, \text{"が"}, \text{"人"}, \text{"から"}, \text{"居住"}, \text{"する"}, \text{"[EOS]"})$$
$$= P(\text{"[BOS]"}, \text{"古く"}) \times P(\text{"が"} \mid \text{"[BOS]"}, \text{"古く"})$$
$$\times P(\text{"人"} \mid \text{"古く"}, \text{"が"}) \times P(\text{"から"} \mid \text{"が"}, \text{"人"})$$
$$\times P(\text{"居住"} \mid \text{"人"}, \text{"から"}) \times P(\text{"する"} \mid \text{"から"}, \text{"居住"})$$
$$\times P(\text{"[EOS]"} \mid \text{"居住"}, \text{"する"})$$

と計算できるので、

$$P(\text{"[BOS]"}, \text{"古く"}, \text{"から"}, \text{"人"}, \text{"が"}, \text{"居住"}, \text{"する"}, \text{"[EOS]"})$$

と

$$P(\text{"[BOS]"}, \text{"古く"}, \text{"が"}, \text{"人"}, \text{"から"}, \text{"居住"}, \text{"する"}, \text{"[EOS]"})$$

の値を比較することで、

```
［BOS］ 古く から 人 が 居住 する ［EOS］
```

と

```
［BOS］ 古く が 人 から 居住 する ［EOS］
```

のどちらが自然な文かを比較できます。確率値が大きいほうが、より自然と考えることができますね。

N-gram を計算するプログラム

では、N-gramを計算するプログラムを書いてみましょう。まずは nltk ライブラリをインストールしておきます。**nltk** は、Python で自然言語処理を行うために便利なさまざまな機能を持つライブラリです。本章では言語モデルの計算に用いますが、次の第 8 章でも利用することになります。以下のコマンドを実行してください。

```
$ pip3 install nltk
```

はじめに、文内の単語を取得するための `find_xs_in_y` 関数を作成します。`find_xs_in_y` 関数は、xs 変数に格納されているアノテーションのリストから y アノテーションの内側に存在するものだけを取り出す関数であり、本章以降でもしばしば使う関数です。新しく **src/annoutil.py** というファイルを作成し、**リスト 7.3** のような関数を追加しましょう。

リスト 7.3 src/annoutil.py

```python
def find_xs_in_y(xs, y):
    return [x for x in xs
            if y['begin'] <= x['begin'] and
            x['end'] <= y['end']]
```

次に、新しく **src/statistics.py** を作成し、`create_language_model` 関数を作成します（**リスト 7.4**）。

リスト 7.4 src/statistics.py

```python
from nltk.lm        import Vocabulary
from nltk.lm.models import MLE
from nltk.util      import ngrams

import sqlitedatastore as datastore
from annoutil import find_xs_in_y
```

```python
def create_language_model(doc_ids, N=3):
    sents = []
    for doc_id in doc_ids:
        all_tokens = datastore.get_annotation(doc_id, 'token')
        for sent in datastore.get_annotation(doc_id, 'sentence'):
            tokens = find_xs_in_y(all_tokens, sent)
            sents.append(['__BOS__'] + [token['lemma']   ←❶
                                        for token in tokens] + ['__EOS__'])
    vocab = Vocabulary([word for sent in sents for word in sent])
    text_ngrams = [ngrams(sent, N) for sent in sents]   ←❷
    lm = MLE(order=N, vocabulary=vocab)   ←❸
    lm.fit(text_ngrams)
    return lm
```

このプログラムでは、まずコーパスとして、文ごとに単語の原型のリストを sents 変数に格納しています（❶）。文頭と文末を表す記号 __BOS__ と __EOS__ も単語と同列の扱いで追加しておきます。

次に、作成したコーパスにおける全単語の一覧であるボキャブラリを作成し、文ごとに3つの単語の並びを nltk ライブラリの ngrams を利用して取り出します（❷）。

そして、取り出された単語の3つ組を元に、MLE(Maximum Likelihood Estimator) というモデルを用いて言語モデルを作成します。（❸）。

リスト7.4を実行するプログラムが リスト7.5 です。新しく src/sample_07_05.py を作成しましょう。

リスト7.5 src/sample_07_05.py

```python
import statistics

import sqlitedatastore as datastore

if __name__ == '__main__':
    datastore.connect()
    lm = statistics.create_language_model(datastore.get_all_ids(limit=-1), N=3)
    context = ('古く', 'から')   ←❶
    print(context, '->')

    prob_list = [(word, lm.score(word, context)) for word
                 in lm.context_counts(lm.vocab.lookup(context))]   ←❷
    prob_list.sort(key=lambda x: x[1], reverse=True)   ←❸
    for word, prob in prob_list:
        print('\t{:s}: {:f}'.format(word, prob))   ←❹
    datastore.close()
```

このプログラムでは、「古く」「から」という2単語の並び（❶）に続く単語の出現確率を言語モデルから呼び出し（❷）、確率の大きい順にソートして（❸）、画面に表示します（❹）。

コマンドラインから実行しましょう。言語モデルを作成するため、実行には時間がかかります。成功すると、「古く」「から」に続いて出現する単語が確率の大きい順に表示されます。

```
$ python3 src/sample_07_05.py
('古く', 'から') ->
        の : 0.089552
        盛ん : 0.044776
        この : 0.044776
        行う : 0.044776
        航空 : 0.029851
        音楽 : 0.029851
        居住 : 0.029851
        アイスランド : 0.014925
        アフガニスタン : 0.014925
        中東 : 0.014925
        ワイン : 0.014925
```

「日本語らしさ」を計算する

翻訳において、言語モデルは出力される文をより自然な文にするために使われます。例えば、英語から日本語への翻訳において、翻訳された文が「どの程度日本語らしいか」を算出できます。その値を使えば、いくつかの翻訳文候補の日本語らしさを比較することで、最も日本語らしい文を最終出力とすることができます。他にも、日本語文を生成するようなアプリケーションにも使うことができます。

翻訳を実際に試してみるのはなかなか大変なので、ここでは簡単な原理実験をしてみましょう。以下のプログラムで、文の中の単語をランダムに並び替えて、言語モデルを使って「どの程度日本語らしいか」を計算してみましょう。

まず、`src/statistics.py`に`calc_prob`関数を追加します（リスト7.6）。

リスト7.6　src/statistics.py

```
def calc_prob(lm, lemmas, N=3):
    probability = 1.0
    for ngram in ngrams(lemmas, N):
        prob = lm.score(lm.vocab.lookup(ngram[-1]),
                lm.vocab.lookup(ngram[:-1]))    ❶
        prob = max(prob, 1e-8)    ❷
        probability *= prob    ❸
    return probability
```

7.5　言語モデルとN-gramモデル　123

プログラムの中身を確認していきましょう。calc_prob関数は、引数でlemmas変数として指定された単語列からnltkライブラリのngram関数で単語の並びを作成し、そのすべての単語の並びに対して、言語モデルを用いて確率を計算します（❶）。

このとき、コーパス中には出現しなかった単語の並びが出現することがありますが、コーパスに出現しなかったからといって確率が0とは限らないため、ここでは、未知の単語の並びの確率に10^{-8}を割り当てておきます（❷）。未知の単語の並びをそのまま確率0としてしまうと、文の確率は掛け算で計算するため、0となってしまうためです。

最後に、計算した単語の並びの確率を掛け合わせて、文の確率を計算しています（❸）。

リスト7.6を実行するプログラムがリスト7.7です。

リスト7.7 src/sample_07_07.py

```
import random

import cabochaparser   as parser
import sqlitedatastore as datastore
import statistics

if __name__ == '__main__':
    datastore.connect()
    lm = statistics.create_language_model(datastore.get_all_ids(limit=-1), N=3)

    text = '古くから人が居住する。'
    sentences, chunks, tokens = parser.parse(text)    ❶

    probabilities = set([])
    for i in range(1000):
        tokens_ = tokens[1:]
        random.shuffle(tokens_)    ❷
        tokens_shuffled = [tokens[0]] + tokens_
        lemmas = ['__BOS__'] + [token['lemma']
            for token in tokens_shuffled] + ['__EOS__']
        shuffled_text = ''.join(
            [text[token['begin']:token['end']] for token in tokens_shuffled])
        probability = statistics.calc_prob(lm, lemmas, N=3)
        probabilities.add((probability, shuffled_text))

    for probability, shuffled_text in ¥
            sorted(list(probabilities), reverse=True)[:20]:    ❸
        print('{0:e}: {1:s}'.format(probability, shuffled_text))
    datastore.close()
```

リスト7.7は、言語モデルlmを作るところまではリスト7.5と同じです。「古くから人が居住する。」という文を単語分割し、tokens変数に格納します（❶）。

124　第7章　単語の頻度を数えよう

各文の2語目以降の単語をランダムに並び替えた文を1000個作成し（❷）、`calc_prob`関数で確率を計算します。

そして最後に、確率の大きい順に確率値と文を画面に表示します（❸）。

> **Memo**
> なお、ここでは文の確率を掛け算で計算していますが、この方法には一つ問題があります。確率の掛け算では1以下の値を何度も掛け算していくことになるため、文に含まれる単語が多い場合は結果が非常に小さな値となり、計算機で正しく計算できなくなることがあるのです。
> このような場合のことを考えて、「掛け算の対数値」は「対数値の足し算」と等しくなるので、計算には「対数の足し算」が使われます。文の確率の計算ではN-gramの確率値の対数を取り、その対数値の足し算をして文の確率の対数値を求めるのが一般的です。対数を取っても大小関係が変わらないため、自然に使うことができる手法です。

コマンドラインから実行しましょう。ランダムに並び替えられた単語列が日本語らしい順に表示されます。なお、左に表示される数値が大きいほど「日本語らしい文」であることを表しています。

```
$ python3 src/sample_07_07.py
7.588893e-06: 古くから人が居住する
4.960557e-13: 古くから居住する人が
1.880878e-26: 古くから居住するが人
9.404389e-27: 古くから人がする居住
5.817712e-27: 古くからが居住する人
3.301435e-27: 古くからする人が居住
3.296703e-34: 古く人がから居住する
3.296703e-34: 古くが人から居住する
3.199741e-34: 古く人からが居住する
2.521930e-34: 古くするから人が居住
2.447755e-34: 古く人が居住するから
1.880878e-34: 古くから居住人するが
1.880878e-34: 古くから居住人がする
1.880878e-34: 古くから居住が人する
1.880878e-34: 古くから居住がする人
...
```

日本語として正しい文が上位に来ていることが確認できます。1番上の文は例文と同じものになっていますが、2番目も3番目もそれなりに自然な日本語の文になっています。そして、下位に行くほど、コーパスにない単語の並びを含むため、不自然な文になっています。

7.6 クラスタリングとLDA

テキストの**クラスタリング**とは、複数のテキストのうち似たもの同士をまとめ上げ、いくつかのまとまりに分けることです。

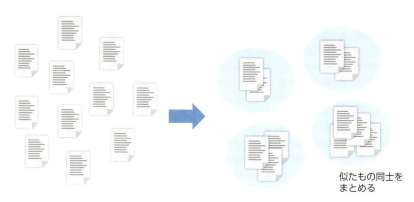

図7.3　クラスタリングのイメージ

LDA（Latent Dirichlet Allocation）は、トピックモデルと呼ばれる手法の一つで、テキストをクラスタリングするときに使われます。LDAの特徴は、文書集合に潜在するトピックを推定し、それぞれの文書が持つトピックの割合を求めることができる点です。このLDAの結果を用いて、文書をクラスタリングできます。

LDAでは、文書が作られる過程として、「文書のトピックが決まり、それによって単語が決まる」というものを仮定しています。過程の全体を確率分布としてモデル化し、その確率分布のパラメーターをデータから推定していきます。これにより、文書集合の中の明には書かれていないトピックを発見することができます。

これ以上の正確な説明をするためには、数式を用いた説明やベイズなどの専門的な説明が必要となりますので、難しい話はここで終わりにして、プログラムを書いて動かしてみましょう。

まずは`gensim`ライブラリをインストールしておきましょう。`gemsim`は、特に統計的な計算を用いる自然言語処理に便利な機能を提供しているライブラリです。

以下のコマンドを実行してください。

```
$ pip3 install gensim
```

リスト7.8が、LDAを用いて文書集合中の潜在するトピックを推定し、記事ごとのトピックの割合を求めるプログラムです。

リスト7.8　src/sample_07_08.py

```python
import itertools
import json
import logging
import math

from gensim.corpora.dictionary import Dictionary
from gensim.models.ldamodel import LdaModel

from annoutil import find_xs_in_y
import sqlitedatastore as datastore

logging.basicConfig(                               ←❶
    format='%(asctime)s : %(levelname)s : %(message)s', level=logging.INFO)

if __name__ == '__main__':
    datastore.connect()
    sentences = []
    for doc_id in datastore.get_all_ids(limit=-1):
        all_tokens = datastore.get_annotation(doc_id, 'token')
        for sent in datastore.get_annotation(doc_id, 'sentence'):
            tokens = find_xs_in_y(all_tokens, sent)
            sentences.append([                      ←❷
                token['lemma'] for token in tokens if token.get('NE') == 'O'])

    n_sent = 20
    docs = [list(itertools.chain.from_iterable(sentences[i:i+n_sent]))   ←
            for i in range(0, len(sentences), n_sent)]                    ❸

    dictionary = Dictionary(docs)
    dictionary.filter_extremes(no_below=2, no_above=0.3)   ←❹
    corpus = [dictionary.doc2bow(doc) for doc in docs]     ←❺

    lda = LdaModel(corpus, num_topics=10, id2word=dictionary, passes=10)   ←❻

    # 主題の確認
    for topic in lda.show_topics(num_topics=-1, num_words=10):   ←❼
        print('topic id:{0[0]:d}, words={0[1]:s}'.format(topic))

    # 記事の主題分布の推定
    for doc_id in datastore.get_all_ids(limit=-1):
        meta_info = json.loads(datastore.get(doc_id, ['meta_info'])['meta_info'])
        title = meta_info['title']
        print(title)
        doc = [token['lemma'] for token in datastore.get_annotation(doc_id, 'token')
               if token.get('NE') == 'O']
        for topic in sorted(lda.get_document_topics(dictionary.doc2bow(doc)),   ←❽
                            key=lambda x: x[1], reverse=True):
            print('\ttopic id:{0[0]:d}, prob={0[1]:f}'.format(topic))
```

```
        datastore.close()
```

プログラムの中身を確認していきましょう。

まず、LDAの計算の過程が表示されるように、`logging`モジュールでログの表示設定をしておきます（❶）。

それから、各文に含まれる単語の原型のリストを`sentences`変数に格納します（❷）。ただし固有表現を除くためにNE属性が0である単語だけを使います。

今回は記事の数が少ないので、記事を分割して20文を1つの文書として扱うことにしましょう。そこで、20文ごとに`sentences`の中身を結合して`docs`変数に格納します（❸）。

次に`Dictionary`を用いてLDAの計算に用いる単語を決めます（❹）。ここで作成した`Dictionary`の単語だけがLDAの計算に用いられますが、`Dictionary`の`filter_extremes`機能によって、実際に使う単語を決めていきます。引数として`no_below=2`を設定することによって、2つ未満の文書にしか出現しない単語がはじかれます。つまり、2つ以上の文書に出現する単語だけが選択されます。また、`no_above=0.3`を設定することで全文書のうちの30%以上の文書に出現する単語がはじかれます。これらは、TFとIDFによって単語の重要度を考え、トピックを表すことができるような重要度の高い語だけを残していることに相当します。

その後、作成した`Dictionary`の`doc2bow`関数により、各文書をLDAの入力とする単語の集まりに変換し、`corpus`変数に格納します（❺）。

そして`LdaModel`により`corpus`についてのLDAモデルを作成します（❻）。LDAには、パラメーターをいくつか設定する必要があります。`num_topics`でトピックの数を10にします。また、文書が少なめなので、LDAの更新に同じ文書を10回使うよう、`passes = 10`と設定します。さらに、後ほど`show_topics`関数を使うために、`id2word`には`dictionary`を設定しておきます。

> **Memo**
> `passes`は、少なすぎるとログに以下のようなWARNINGが表示されるため、それに従って調節してください。
> ```
> 2018-10-25 16:45:40,720 : WARNING : too few updates, training might not converge;
> consider increasing the number of passes or iterations to improve accuracy
> ```

最後に、作成されたトピック集合の内容を`show_topics`関数で画面に表示します（❼）。それぞれのトピックを単語の確率分布として、確率値の大きな単語から上位10個を表示するようにしています。単語の確率分布については後ほどプログラムの実行結果を見ながら説明します。

加えて、それぞれの記事について、作成したLDAモデルの`get_document_topics`関数でその記事のトピック分布を推定し、結果を表示します（❽）。

それでは、コマンドラインから実行してみましょう。出力結果は`lda.log`ファイルに書き出されるようにしましょう。実行にしばらく時間がかかるためです。

実行が進むと、gensimのログが画面に表示されます。`lda.log`ファイルには、LDAで推定されたトピック集合が出力されています。続けて各記事のタイトルと、その記事のトピック分布も出力されています。

```
$ python3 src/sample_07_08.py > result/lda.log
2018-11-19 17:57:28,416 : INFO : adding document #0 to Dictionary(0 unique tokens: [])
2018-11-19 17:57:29,391 : INFO : built Dictionary(17712 unique tokens: ['共和',
'国', '*', 'きょう', 'わ']...) from 2503 documents (total 1129744 corpus
positions)
2018-11-19 17:57:29,439 : INFO : discarding 6135 tokens: [('国', 1601), ('*',
2503), ('、', 2493), ('語', 881), ('は', 2493), ('に', 2485), ('する', 2479),
('国家', 953), ('られる', 1329), ('こと', 1595)]...
2018-11-19 17:57:29,440 : INFO : keeping 11577 tokens which were in no less than 2
and no more than 750 (=30.0%) documents
2018-11-19 17:57:29,449 : INFO : resulting dictionary: Dictionary(11577 unique
tokens: ['共和', 'きょう', 'わ', 'こい', '通称']...)
2018-11-19 17:57:30,117 : INFO : using symmetric alpha at 0.1
2018-11-19 17:57:30,117 : INFO : using symmetric eta at 8.637816360024185e-05
2018-11-19 17:57:30,118 : INFO : using serial LDA version on this node
2018-11-19 17:57:31,717 : INFO : running online (multi-pass) LDA training, 10
topics, 10 passes over the supplied corpus of 2503 documents, updating model once
every 2000 documents, evaluating perplexity every 2503 documents, iterating 50x
with a convergence threshold of 0.001000
2018-11-19 17:57:31,717 : INFO : PROGRESS: pass 0, at document #2000/2503
2018-11-19 17:57:36,055 : INFO : merging changes from 2000 documents into a model
of 2503 documents
...
...
```

作成された`lda.log`ファイルは、次のようになっているはずです。

```
topic id:0, words=0.015*"系" + 0.014*"宗教" + 0.011*"人口" + 0.010*"教育" +
0.009*"族" + 0.008*"派" + 0.008*"民族" + 0.008*"万" + 0.007*"言語" + 0.007*
"移民"
topic id:1, words=0.020*"気候" + 0.014*"月" + 0.013*"部" + 0.011*"国土" +
0.010*"都市" + 0.009*"島" + 0.009*"山脈" + 0.008*"地方" + 0.007*"主要" +
0.007*"標高"
topic id:2, words=0.014*"輸出" + 0.012*"生産" + 0.011*"万" + 0.010*"量" +
0.010*"産業" + 0.008*"位" + 0.008*"占める" + 0.008*"工業" + 0.008*"農業" +
0.008*"資源"
```

7.6 クラスタリングとLDA

```
topic id:3, words=0.009*" 成長 " + 0.007*" 企業 " + 0.007*" 率 " + 0.006*" 万 " + 
0.006*" 労働 " + 0.006*" ドル " + 0.006*" 投資 " + 0.006*" 億 " + 0.005*" 銀行 " + 
0.005*" 金融 "
topic id:4, words=0.014*" 戦争 " + 0.011*" 関係 " + 0.010*" 政権 " + 0.009*" 主義 " + 
0.007*" 軍事 " + 0.006*" 地 " + 0.006*" 次 " + 0.006*" 革命 " + 0.006*" 領 " + 0.005*" 軍 "
topic id:5, words=0.012*" 鉄道 " + 0.011*" 航空 " + 0.009*" 道路 " + 0.009*" 選手 " + 
0.009*" 機 " + 0.008*" 空港 " + 0.008*" 国際 " + 0.008*" 交通 " + 0.007*" 大会 " + 
0.006*" バス "
topic id:6, words=0.031*" 大統領 " + 0.020*" 選挙 " + 0.015*" 制 " + 0.010*" 首相 " + 
0.010*" 議会 " + 0.008*" 議席 " + 0.008*" 党 " + 0.008*" 政権 " + 0.008*" 政党 " + 
0.008*" 政治 "
topic id:7, words=0.022*" 案内 " + 0.021*" ツール " + 0.015*" 首都 " + 0.015*" 共和 " + 
0.013*" その他 " + 0.013*" 通称 " + 0.012*" 位置 " + 0.011*" 名前 " + 0.011*" 表示 " + 
0.011*" プロジェクト "
topic id:8, words=0.016*" 文化 " + 0.012*" 教育 " + 0.011*" 遺産 " + 0.010*" 『 " + 
0.010*" 音楽 " + 0.009*" 』 " + 0.006*" スポーツ " + 0.006*" 件 " + 0.005*" 文学 " + 
0.005*" において "
topic id:9, words=0.018*" 系 " + 0.016*" 表記 " + 0.014*" 民族 " + 0.012*" 言語 " + 
0.009*" 国名 " + 0.009*" 王国 " + 0.008*" 歴史 " + 0.007*" 呼ぶ " + 0.007*" 帝国 " + 
0.007*" 住民 "
...
日本
 topic id:4, prob=0.310571
 topic id:9, prob=0.140097
 topic id:6, prob=0.128107
 topic id:0, prob=0.123815
 topic id:8, prob=0.114695
 topic id:3, prob=0.080341
 topic id:2, prob=0.055640
 topic id:5, prob=0.020586
 topic id:1, prob=0.016758
...
```

　それぞれのトピックについては、トピックのIDと、そのトピックにおいて確率値の大きな単語10個を確率値と一緒に表示しています。トピックは、スパッとこういう内容だと説明できるようなものではなく、そのトピックを構成する単語の確率分布によってのみ表されます。

　各トピックにおいて確率値の大きな単語を表で書き直すと**表7.1**のようになります。単語1、単語2が、そのトピックで確率値が1番目、2番目に大きな単語です。

表7.1 各トピックにおける確率値の大きな単語

トピックID	単語1	単語2	単語3	単語4	単語5	単語6	単語7	単語8	単語9	単語10
0	系	宗教	人口	教育	族	派	民族	万	言語	移民
1	気候	月	部	国土	都市	島	山脈	地方	主要	標高
2	輸出	生産	万	量	産業	位	占める	工業	農業	資源
3	成長	企業	率	万	労働	ドル	投資	億	銀行	金融
4	戦争	関係	政権	主義	軍事	地	次	革命	領	軍
5	鉄道	航空	道路	選手	機	空港	国際	交通	大会	バス
6	大統領	選挙	制	首相	議会	議席	党	政権	政党	政治
7	案内	ツール	首都	共和	その他	通称	位置	名前	表示	プロジェクト
8	文化	教育	遺産	『	音楽	』	スポーツ	件	文学	において
9	系	表記	民族	言語	国名	王国	歴史	呼ぶ	帝国	住民

　確率の大きな単語を見るとトピックの内容が想像できます。例えばID 1のトピックは、「気候」「国土」「標高」といった単語の確率が大きな確率分布になっています。そのため、地理に関するトピックと解釈できそうです。Wikipediaの国についての記事には、各国の地理についての記述があるので、そうした文章が持つトピックになりそうです。

　次に表示されている国についての記事のトピックは、記事タイトルに対して、確率値の大きな順にトピックのIDと確率値が表示されています。ただし一定以上の確率値がないトピックは表示されないため、多くの記事では20個全部のトピックの確率値は表示されていません。例えば、日本についての記事のトピックの確率値は、ID 4が最大で、ID 9が二番目です。ID 4のトピックの単語の分布を確認すると、「戦争」「政権」「軍事」といった単語が表示されています。戦争に関するトピックと解釈できそうです。同様にID 9のトピックの単語の分布を確認すると、「民族」「言語」「歴史」といった単語が表示されています。これは民族や歴史に関するトピックと解釈できそうです。日本についての記事には、戦争についても民族・歴史についても書かれているので、そうした文章の持つトピックが現れたと考えられますね。

　このようにして推定されたトピックをクラスタとみなすことで、テキストのクラスタリングができます。例としては、トピックをそのままクラスタリング結果として用いる方法があります。先ほどのプログラムの最後に表示したように、LDAではテキストに対してそれぞれのトピックの確率値を計算することができます。あるテキストの所属するクラスタは最も大きな確率値となったトピックのクラスタだとすると、トピックにもとづいたテキストのクラスタリングができるのです。

第 8 章

知識データを活用しよう

> **Theme**
> - DBpedia からの属性情報の取得
> - WordNet からの同義語・上位語の取得
> - Word2Vec を用いた類語の取得、足し算・引き算

8.1 知識データと辞書

　本章では、自然言語処理をするときに有用な知識データの使い方を学びます。

　人が文章を読むときには、さまざまな知識を組み合わせて、テキストに書かれた内容を理解していることでしょう。例えばアメリカという単語が文章中に出てきたとき、人は実際の「アメリカ合衆国」という国を思い浮かべて、大きな国であること、公用語が英語であること、「米国」と書かれることもあること、などを考えるのではないでしょうか。これは、文章中の"アメリカ"という文字列を、世の中に実体として存在する「アメリカ合衆国」という国に結び付けて、その「アメリカ合衆国」に関してあらかじめ持っている知識を使っていることになります。

　自然言語処理においても、あらかじめ用意しておいた「知識」が使われます。最も単純な知識は、単語の意味です。文書は、単語の羅列であり、その単語のほとんどは、その文書中には意味が書かれていません。そのため、語句の意味が書かれた**知識データ**は、文書の意味を理解するうえで有用なものとなります。

　語句とその意味を格納したデータは、**辞書**と呼ばれます。自然言語処理においては、特定の用途で使われる単語のリストのことも辞書と呼びます。後ほど第 11 章で実際に、辞書を使った Web アプリケーションを作ってみます。

　本章では、DBpedia、WordNet、Word2Vec の 3 つを、自然言語処理を行う際の知識データとして使う方法を学びます。**DBpedia** と **WordNet** は、人が知識として整備したデータです。一方 **Word2Vec** は、人が知識として整備したデータではなく、コーパスから自動で学習するものであるため、一般には知識データとはみなされません。しかし、自然言語処

理の対象となるテキストと組み合わせて使う外部データとして、似たような使われ方をする場合もあるため、本章でまとめて説明します。

図8.1に示すように、DBpedia、WordNet、Word2Vecの3つを使ってさまざまな関連情報を取り出せるようにするのが本章のゴールです。

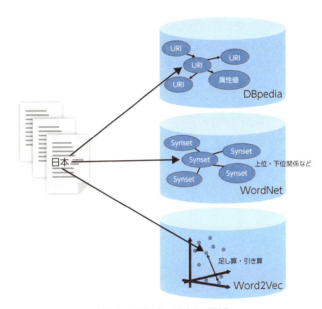

図8.1　知識データ活用の概観

8.2 エンティティ

図8.1に、知識データ活用の概観を示しました。ここでは、テキスト中に「日本」という単語が見つかったという想定をしています。

まず、この「日本」という文字列を、知識の中のデータに結び付ける必要があります。この知識の中のデータは**エンティティ**と呼ばれます。エンティティの厳密な定義はなかなか難しいのですが、「言葉が指し示すモノ」と考えるとよいでしょう。テキスト中の文字列を、知識の中のエンティティに結び付けることを**エンティティリンキング**といいます。冒頭の例であれば、文書中の「アメリカ」という文字列から、「アメリカ合衆国」を結び付けたことに相当します。

実際には、「アメリカ」が意味するものは、「アメリカ合衆国」ではなく、「アメリカ大陸」かもしれません。このように単語には複数の語義が存在することがあります。ここにエンティティリンキングの難しさがあります。本書では詳しく取り上げませんが、文中のある単語がどの語義を表しているかを判断することを**語義曖昧性解消**（WSD：Word Sense

Disambiguation）と呼びます。通常は、その単語が使われている文脈から語義を判断することになります。

DBpediaやWordNetでは、エンティティに相当するものがそれぞれ「URI」「Synset」と呼ばれるもので表現され、互いに結合したグラフ構造になっています。一方Word2Vecでは、エンティティに相当するものがベクトルで表現されています。知識の中のエンティティに結び付けたあとは、グラフ構造をたどったり、ベクトル間の足し算や引き算、距離計算をしたりすることで、関連する情報を取り出したり、単語の意味の類似性を調べたりします。

8.3 知識データを活用することでできること

例えば、アメリカについて検索したいとき、「アメリカ」というキーワードで検索することを考えます。このとき「アメリカ」が「米国」と書かれることもあるという知識データを活用できれば、検索漏れを減らすことができます。

```
"アメリカ" --> "米国"
```

また、キーワードの類似度測定に使うことも考えられます。知識データがなくても、「キーワードの文字列がどれくらい似ているか」でキーワードの類似度を測定することもできますが、キーワードの文字列は似ていない場合や、文字列が似ていてもまったく違うものを表している場合は不適切です。知識データがあると、キーワードにひも付いた知識データ同士の類似度を測定し、キーワードの類似度とすることができます。

例えば、Wikipediaの記事とひも付いていれば、「アイスランド」と「アメリカ」の類似度を、記事の文章同士の類似度によって測定することも考えられます。文章同士の類似度の測定は、第7章でも行いましたね。

8.4 SPARQLによるDBpediaからの情報の呼び出し

DBpediaは、Wikipediaから情報を抽出し、データベース化したものです。例えば「アメリカ合衆国」については、Wikipediaで以下の記事が掲載されています（図8.2）。

URL https://ja.wikipedia.org/wiki/アメリカ合衆国

図8.2　Wikipediaの「アメリカ合衆国」についての記事

このWikipedia記事から情報を抽出して構造化した内容を、以下のDBpediaのページで確認することができます（図8.3）。

🔗 http://ja.dbpedia.org/page/アメリカ合衆国

図8.3　DBpediaの「アメリカ合衆国」についてのデータ

これを使うことで、アメリカ合衆国に関して、Wikipediaに書かれているテキストそのものではなく、項目化された情報を取得することができます。一例を挙げると、Wikipedia上

8.4　SPARQLによるDBpediaからの情報の呼び出し　135

でリダイレクト関係にあるキーワードや、Wikipediaの記事間のリンク関係、英語などの他の言語での記事の情報などです。加えて、そのエンティティの属性に関する情報も取得できます。例えば、国についての記事であれば、人口や首都といった属性情報が取得できます。エンティティに相当するものは **URI**（Uniform Resource Identifier）で表現されます。URI は世界で1つに定まるように決められており、その情報にはWebブラウザーからアクセスすることができます。

DBpediaでは **RDF**（**Resource Description Framework**）**トリプル**と呼ばれる形式でデータが構造化されています。RDFトリプルは、主語、述語、目的語と呼ばれる3つの要素を持ち、主語に対する目的語への関係が述語であるということを表します。「日本の首都が東京である」という情報を例とすると、「主語：http://ja.dbpedia.org/resource/日本、述語：http://dbpedia.org/ontology/capital、目的語 ： http://ja.dbpedia.org/resource/東京」という3要素で表されます。ここで、この主語・述語・目的語には、文字列ではなく、知識データのURIで表されるエンティティを用いている点に注目してください。このように、RDFではエンティティ同士の関連性を記述することができます。

DBpedia から同義語を取得

DBpediaでは、Wikipediaの各記事についての情報に加えて、記事間の関係の情報が整理されています。Wikipediaでは、例えば「米国」は「アメリカ合衆国」の記事にリダイレクトされるようになっています。そこで、リダイレクト元の語とリダイレクト先の語は同義語とみなすことで、DBpediaから同義語を取得する方法が考えられます。検索において同義語は、クエリに入力されたキーワードの同義語を加えて、検索漏れを減らしたいときに使うことができます。例えば、アメリカ合衆国について検索したいとき、「アメリカ合衆国」だけで検索するよりも、同時に「米国」でも検索することで見逃しが少なくなります。

SPARQL というRDF用の問い合わせ言語によって、DBpediaのデータを呼び出すことができます。SPARQLはSQLに似ているところもあります。以下で実際に使いながら、使い方を学んでいきましょう。

公開されているSPARQLエンドポイントから、DBpediaを使うことができます。Webブラウザーで以下のページにアクセスしてください。

URL http://ja.dbpedia.org/sparql

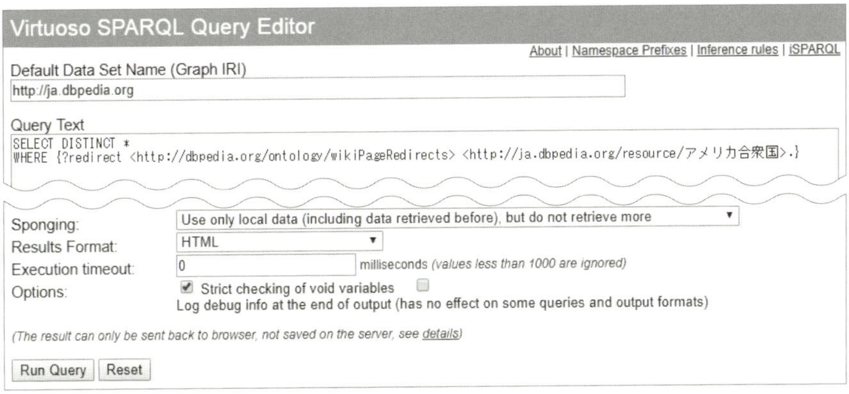

```
Virtuoso SPARQL Query Editor
                                      About | Namespace Prefixes | Inference rules | iSPARQL
Default Data Set Name (Graph IRI)
http://ja.dbpedia.org
Query Text
SELECT DISTINCT *
WHERE {?redirect <http://dbpedia.org/ontology/wikiPageRedirects> <http://ja.dbpedia.org/resource/アメリカ合衆国>.}
```

図8.4　DBpediaのSPARQLエンドポイント

［Query Text］欄に以下の文を入力し、［Run Query］ボタンから実行してみましょう。

```
SELECT DISTINCT *
WHERE {?redirect <http://dbpedia.org/ontology/wikiPageRedirects>
        <http://ja.dbpedia.org/resource/アメリカ合衆国>.}
```

次のような取得結果が得られます。「United_States」や「米合衆国」など、「アメリカ合衆国」を表す他の言い方が取得できています。取得された結果はURIの形になっています。

redirect
http://ja.dbpedia.org/resource/United_States
http://ja.dbpedia.org/resource/米合衆国
http://ja.dbpedia.org/resource/米国
http://ja.dbpedia.org/resource/アメリカ人
http://ja.dbpedia.org/resource/U.S.A.
http://ja.dbpedia.org/resource/亜米利加
http://ja.dbpedia.org/resource/亜米利加合衆国
http://ja.dbpedia.org/resource/米利堅
http://ja.dbpedia.org/resource/U.S.
http://ja.dbpedia.org/resource/ユナイテッドステイツ
http://ja.dbpedia.org/resource/United_States_of_America
http://ja.dbpedia.org/resource/Usa
http://ja.dbpedia.org/resource/全米
http://ja.dbpedia.org/resource/アメリカ合衆国人
http://ja.dbpedia.org/resource/アメリカ系
http://ja.dbpedia.org/resource/米国人
http://ja.dbpedia.org/resource/アメリカ
http://ja.dbpedia.org/resource/USA
http://ja.dbpedia.org/resource/美国
http://ja.dbpedia.org/resource/America

図8.5　SPARQLクエリ実行結果

SPARQLクエリの中身を見ていきましょう。

まずは最も基本的な**SELECT**文の使い方です。**WHERE**句で**RDF**トリプルにより条件を指定しています。このクエリの**WHERE**句は、「**redirect**変数は、**http://ja.dbpedia.org/resource/**アメリカ合衆国に対して、**http://dbpedia.org/ontology/wikiPageRedirect**という関係にある」という意味になります。

RDFトリプルの各要素はURIで表されています。ブラウザーでアクセスすれば詳しい内容を見ることができますが、最後のスラッシュ以降の文字列がWikipediaの記事エントリ名になっているので、そこを見るだけでも十分内容はわかります。

さて、SPARQLクエリをpythonから実行してみましょう。まずは必要なライブラリをインストールします。

```
$ pip3 install sparqlwrapper
```

src/dbpediaknowledge.pyを新規に作成し、同義語を取得する**get_synonyms**関数を定義します（リスト8.1）。

リスト8.1　src/dbpediaknowledge.py

```python
from sklearn.feature_extraction.text import CountVectorizer
from sklearn.metrics.pairwise import cosine_similarity
from SPARQLWrapper import JSON, SPARQLWrapper

def get_synonyms(text):    ① 
    uri = '<http://ja.dbpedia.org/resource/{0}>'.format(text)

    sparql = SPARQLWrapper('http://ja.dbpedia.org/sparql')
    sparql.setReturnFormat(JSON)
    sparql.setQuery('''
        SELECT DISTINCT *
        WHERE {{
            {{ ?redirect <http://dbpedia.org/ontology/wikiPageRedirects> {0} }}
            UNION    ②
            {{ {0} <http://dbpedia.org/ontology/wikiPageRedirects> ?redirect }} .
            ?redirect <http://www.w3.org/2000/01/rdf-schema#label> ?synonym
        }}
    '''.format(uri))

    results = []
    for x in sparql.query().convert()['results']['bindings']:
        word = x['synonym']['value']
        results.append({'term': word})
    return results
```

それでは**リスト8.1**で、`get_synonyms`関数の中を見ていきましょう。

まず引数には、同義語を取得したい語の文字列**text**を取ります（❶）。次に、入力されたテキストをURIに変換します。SPARQLWrapperの引数には、先ほどWebブラウザーでアクセスしたSPARQLエンドポイントのアドレスを指定します。そしてSPARQLクエリを文字列で与え、返り値をJSONフォーマットに指定し、実行します。その際、`format`関数では波括弧（`{`, `}`）がエスケープされるため、二重に繰り返して「`{{`」「`}}`」としています。

ここでSPARQLクエリを先ほどのものから少し変更しています。RDFトリプルの1番目の要素と3番目の要素は、反対に書いてしまうと違った意味になってしまいます。先ほどのクエリでは、指定した語のページ**へ**リダイレクトするページは取得できますが、指定した語のページ**から**リダイレクトされるページが取得できません。つまり、以下のクエリでは結果が1件も出力されません。

```
SELECT DISTINCT *
WHERE {?synonym <http://dbpedia.org/ontology/wikiPageRedirects>
       <http://ja.dbpedia.org/resource/米国>.}
```

そこで、RDFトリプルの1番目の要素と3番目の要素を入れ替えた条件を`UNION`によりつなげることで、入力された語がリダイレクト元でもリダイレクト先でもどちらでも同義語展開ができるようにしています（❷）。加えて、`redirect`変数に格納されたURIをラベルに変換したものを、`synonym`変数に格納しています。DBpedia内で`<http://www.w3.org/2000/01/rdfschema#label>`という関係により保存されている情報、つまりWikipediaの記事タイトルが、`synonym`変数として取得されます。

リスト8.2が、**リスト8.1**の関数を呼び出してDBpediaから同義語を取得するプログラムです。

リスト8.2　src/sample_08_02.py

```
import json
import dbpediaknowledge

if __name__ == '__main__':
    synonyms = dbpediaknowledge.get_synonyms('アメリカ合衆国')
    print(json.dumps(synonyms, indent=4, ensure_ascii=False))
```

それではコマンドラインから実行してみましょう。以下のとおり「アメリカ合衆国」についての同義語の抽出結果が画面に表示されれば成功です。

```
$ python3 src/sample_08_02.py
[
```

8.4　SPARQLによるDBpediaからの情報の呼び出し

```
            {
                "term": "United States"
            },
            {
                "term": " 米合衆国 "
            },
            {
                "term": " 米国 "
            },
            {
                "term": " アメリカ人 "
            },
            {
                "term": "U.S.A."
            },
            {
                "term": " 亜米利加 "
            },
            {
                "term": " 亜米利加合衆国 "
            },
            {
                "term": " 米利堅 "
            },
            {
                "term": "U.S."
            },
            {
                "term": " ユナイテッドステイツ "
            },
            {
                "term": "United States of America"
            },
            {
                "term": "Usa"
            },
            {
                "term": " 全米 "
            },
            {
                "term": " アメリカ合衆国人 "
            },
            {
                "term": " アメリカ系 "
            },
            {
                "term": " 米国人 "
            },
            {
                "term": " アメリカ "
```

```
        },
        {
            "term": "USA"
        },
        {
            "term": " 美國 "
        },
        {
            "term": "America"
        }
    ]
```

類似度の計算

次に、src/dbpediaknowledge.py（リスト8.1）に、類似度を計測する`calc_similarity`関数と`retrieve_abstract`関数を追加します（リスト8.3）。

リスト8.3 src/dbpediaknowledge.py

```
from sklearn.feature_extraction.text import CountVectorizer
from sklearn.metrics.pairwise import cosine_similarity
from SPARQLWrapper import JSON, SPARQLWrapper

import cabochaparser as parser

…

def retrieve_abstract(text):
    uri = '<http://ja.dbpedia.org/resource/{0}>'.format(text)

    sparql = SPARQLWrapper('http://ja.dbpedia.org/sparql')
    sparql.setReturnFormat(JSON)
    sparql.setQuery('''
        SELECT DISTINCT *
        WHERE {{
            {0} <http://dbpedia.org/ontology/abstract> ?summary
        }}
    '''.format(uri))
    results = sparql.query().convert()['results']['bindings']
    if len(results) > 0:
        return results[0]['summary']['value']
    else:
        return None

def calc_similarity(text1, text2, vectorizer=None):
    summary1 = retrieve_abstract(text1)
    summary2 = retrieve_abstract(text2)
    if summary1 is None or summary2 is None:
```

 ①

```
        return 0.

    sentences1, chunks1, tokens1 = parser.parse(summary1)
    doc1 = ' '.join([token['lemma'] for token in tokens1])
    sentences2, chunks2, tokens2 = parser.parse(summary2)
    doc2 = ' '.join([token['lemma'] for token in tokens2])

    vectorizer = CountVectorizer(analyzer='word')
    vecs = vectorizer.fit_transform([doc1, doc2])

    sim = cosine_similarity(vecs)   ← ❷
    return sim[0][1]
```

`retrieve_abstract`関数のSPARQLクエリでは、主語に指定された記事を、述語にアブストラクトのURIを指定し、目的語として返ってくるものを`summary`変数で受け取っています（❶）。

`calc_similarity`関数（❷）では、対象のものについて、アブストラクトの単語についてのコサイン類似度で計算したものを類似度としています。簡単にいえば「似た説明をされているものは似ている」という考えにもとづいています。DBpediaにエントリがない場合は類似度0を返します。記事同士の類似度については、第7章も参照してください。

リスト8.4が、リスト8.3の関数を呼び出して、DBpediaをもとに類似度を計測するプログラムです。

リスト8.4 src/sample_08_04.py

```
import dbpediaknowledge

if __name__ == '__main__':
    text1 = 'アメリカ合衆国'
    text2 = 'イギリス'
    similarity = dbpediaknowledge.calc_similarity(text1, text2)
    print(similarity, text1, text2)
    text1 = 'アメリカ合衆国'
    text2 = '日本'
    similarity = dbpediaknowledge.calc_similarity(text1, text2)
    print(similarity, text1, text2)
```

コマンドラインから実行してみましょう。以下のとおり、類似度が画面に表示されれば成功です。

```
$ python3 src/sample_08_04.py
0.6675620175680795 アメリカ合衆国 イギリス
0.3211308144666283 アメリカ合衆国 日本
```

人口の値

　DBpediaにはWikipediaから抽出した情報が格納されていますが、infoboxの情報もデータベース化されて使いやすくなっています。infoboxとは、通常Wikipediaの記事の右上に表示されている表のことです。例えば日本についての記事のinfoboxには、公用語が日本語であることや、首都が東京であることが書かれています。

　それではinfoboxから、人口の値を取得してみましょう。src/dbpediaknowledge.pyに、get_population関数を追加します（リスト8.5）。

リスト8.5　src/dbpediaknowledge.py

```
def get_population(text):
    uri = '<http://ja.dbpedia.org/resource/{0}>'.format(text)

    sparql = SPARQLWrapper('http://ja.dbpedia.org/sparql')
    sparql.setReturnFormat(JSON)
    sparql.setQuery('''
        SELECT DISTINCT *
        WHERE {{
            {0} <http://ja.dbpedia.org/property/人口値> ?population    ←❶
        }}
    '''.format(uri))

    results = sparql.query().convert()['results']['bindings']
    if len(results) > 0:
        population = results[0]['population']['value']
        return int(population)
    else:
        return -1
```

　get_population関数のSPARQLクエリでは、述語に人口値を表すURIを指定し、取得した値をpopulation変数で受け取っています（❶）。なお、データが見つからない場合は-1を返すようにしています。

　リスト8.6が、リスト8.5の関数を呼び出すプログラムです。

リスト8.6　src/sample_08_06.py

```
import json

import dbpediaknowledge

if __name__ == '__main__':
    text = 'アメリカ合衆国'
    population = dbpediaknowledge.get_population(text)
    print(population)
```

コマンドラインから実行してみましょう。以下のとおり、結果が表示されれば成功です。

```
$ python3 src/sample_08_06.py
316942000
```

8.5 WordNetからの同義語・上位語の取得

WordNetでは、エンティティが **Synset** と呼ばれるデータで構成されます。Synsetは、1つの概念に相当し、同じ意味を持つ複数の語がひも付けられています。同義語のグループのようなものと捉えるとわかりやすいでしょう。

WordNetでは、1つの概念に相当するSynsetが、互いに上位概念や下位概念などの関係で結合したグラフの形になっています。このグラフの構造を用いてWordNet上のSynsetの関係をたどることで、同義語や、上位語・下位語といった概念同士の関係を取得することができます。また、グラフ上での距離を測ることで類似度を取得することもできます。

まず準備として、WordNet本体のデータと、多言語版のOpen Multillingual WordNetのデータ（omw）をダウンロードしておきましょう。以下のように、python3をインタラクティブモード（引数なし）で起動し、表示される「>>>」に続けてコマンドを実行します。

```
$ python3
>>> import nltk
>>> nltk.download('wordnet')
>>> nltk.download('omw')
```

ダウンロードが終わったら、[Ctrl] + [d] キーを押して終了しましょう。

次に、`src/wordnetknowledge.py` を新規に作成し、同義語を取得する `get_synonyms` 関数と類似度を計測する `calc_similarity` 関数を定義しましょう（リスト8.7）。

リスト8.7 src/wordnetknowledge.py

```
from nltk.corpus import wordnet

def get_synonyms(text):
    results = []
    for synset in wordnet.synsets(text, lang='jpn'):     ──❶
        for lemma in synset.lemma_names(lang='jpn'):
            results.append({'term': lemma})     ──❷
    return results

def calc_similarity(text1, text2):
    synsets1 = wordnet.synsets(text1, lang='jpn')
```

```
        synsets2 = wordnet.synsets(text2, lang='jpn')
        max_sim = 0.
        for synset1 in synsets1:
            for synset2 in synsets2:
                sim = synset1.path_similarity(synset2)   ← ❸
                if max_sim < sim:
                    max_sim = sim
        return max_sim
```

　それでは、**リスト8.7**を見ていきましょう。

　まず`get_synonyms`関数を見てみます。WordNetでは、SynsetにそのSynsetを表すテキストがひも付いています。`get_synonyms`関数では、まず入力されたテキストとひも付くSynsetを`wordnet`の`synsets`関数で呼び出します（❶）。1つのテキストにSynsetは複数ありうるため、返り値はリストになります。そして、反対に各Synsetにひも付いているテキストを呼び出し、`results`変数に格納して（❷）返却します。これによって、入力されたテキストと同じSynsetにひも付くテキストを、類語として出力する関数になっています。

　次に`calc_similarity`関数を見ていきましょう。WordNetは、Synset同士がどのような関係にあるのかをグラフ構造で持っています。ここでは、「グラフ上での距離が近いほど類似度が大きい」として類似度を計算する`path_similarity`関数を用いています（❸）。

　`calc_similarity`関数では、まず入力されたテキストをそれぞれSynsetに変換します。Synsetは複数ありうるため、`text1`と`text2`のそれぞれのSynsetの「すべての組み合わせ」について`path_similarity`関数で類似度を計算し、最も大きなものをテキスト同士の類似度として出力します。

　リスト8.8が、**リスト8.7**の関数を呼び出してWordNetから同義語を取得するプログラムです。

リスト8.8　src/sample_08_08.py

```
import json
import wordnetknowledge

if __name__ == '__main__':
    synonyms = wordnetknowledge.get_synonyms('アメリカ合衆国')
    print(json.dumps(synonyms, indent=4, ensure_ascii=False))
```

　コマンドラインから実行しましょう。以下のとおり「アメリカ合衆国」についての同義語の抽出結果が画面に表示されれば成功です。

```
$ python3 src/sample_08_08.py
[
```

```
    {
        "term": " Ｕ Ｓ "
    },
    {
        "term": " Ｕ Ｓ Ａ "
    },
    {
        "term": " アメリカ "
    },
    {
        "term": " Ｕ. Ｓ. Ａ. "
    },
    {
        "term": " 亜米利加 "
    },
    {
        "term": " アメリカ合衆国 "
    },
    {
        "term": " 合衆国 "
    },
    {
        "term": " 米 "
    },
    {
        "term": " 米国 "
    },
    {
        "term": " 北部諸州 "
    },
    {
        "term": " アメリカ合衆国 "
    }
]
```

先ほどDBpediaを利用したときとは異なる同義語が取得できていることがわかります。用途に応じて使い分けたり、両方を組み合わせて使ったりしましょう。

類似度を計測するプログラムも作成しましょう（**リスト8.9**）。

リスト8.9　src/sample_08_09.py

```
import wordnetknowledge

if __name__ == '__main__':
    text1 = 'アメリカ合衆国'
    text2 = '米国'
    similarity = wordnetknowledge.calc_similarity(text1, text2)
    print(similarity, text1, text2)
```

```
    text1 = 'アメリカ合衆国'
    text2 = '日本'
    similarity = wordnetknowledge.calc_similarity(text1, text2)
    print(similarity, text1, text2)
```

コマンドラインから実行してみます。以下のとおり、類似度が画面に表示されれば成功です。

```
$ python3 src/sample_08_09.py
1.0 アメリカ合衆国 米国
0.2 アメリカ合衆国 日本
```

 上位語

WordNetには上位語、下位語の情報が格納されています。ここでは、上位語を取得してみましょう。src/wordnetknowledge.py（リスト8.7）に、get_hypernym関数を追加します（リスト8.10）。

リスト8.10　src/wordnetknowledge.py

```
def get_hypernym(text):
    synsets = wordnet.synsets(text, lang='jpn')    ← ①
    results = []
    for synset in synsets:
        for hypernym in synset.hypernyms():    ← ②
            for lemma in hypernym.lemma_names(lang='jpn'):
                results.append({'term': lemma})    ← ③
    return results
```

それでは、get_hypernym関数を確認してみましょう。

入力されたテキストをSynsetに変換し（①）、そのSynsetの上位概念をhypernyms関数で呼び出しています（②）。hypernyms関数で呼び出されるものは、WordNetのグラフ上で呼び出し元のSynsetの1つ上位にあるSynsetです。上位概念のSynsetにひも付くテキストを呼び出し、results変数に格納して出力します（③）。

リスト8.11が、リスト8.10の関数を呼び出すプログラムです。

リスト8.11　src/sample_08_11.py

```
import json
import wordnetknowledge

if __name__ == '__main__':
    text = '幸福'
```

8.5　WordNetからの同義語・上位語の取得　**147**

```
results = wordnetknowledge.get_hypernym(text)
print(json.dumps(results, indent=4, ensure_ascii=False))
```

コマンドラインから実行してみましょう。以下のとおり表示されれば成功です。ここでは、幸福はフィーリングの一種であるという結果になっています。

```
$ python3 src/sample_08_11.py
[
    {
        "term": " フィーリング "
    },
    {
        "term": " 心地 "
    },
    {
        "term": " 心持 "
    },
    {
        "term": " 心持ち "
    },
    {
        "term": " 心緒 "
    },
    ...
]
```

 下位語

ここで hypernyms() の代わりに hyponyms() を呼び出すと、下位語を取得することができます。下位語は上位語と反対に、WordNet のグラフ上で 1 つ下位にある Synset です。

```
for synset in synsets:
    for hyponym in synset.hyponyms():
        for lemma in hyponym.lemma_names(lang='jpn'):
            results.append({'term': lemma})
```

8.6 Word2Vecを用いた類語の取得

Word2Vecでは、単語に対するベクトルを取得することができ、単語同士の足し算・引き算によるアナロジーや類似度計算を行うことができます。ベクトル間の足し算・引き算で、単語の意味的な操作を実現します。ベクトル同士のコサイン類似度を計算することもできます。

Word2Vecは「似た文脈で出現する語は意味が類似している」という仮説にもとづき、似た文脈に出現する語に近いベクトルが割り当てられるようにしています。ここでいう**文脈**とは、ベクトル化する単語がコーパス中で出現する際にその単語の前後にある単語のことです。例えばコーパス中に「かわいい犬を飼い始めた。」と「かわいい猫を飼い始めた。」という文があったとき、文脈が同じであるため、「『犬』と『猫』は似ている」となるわけです。この仮説は**分布仮説**と呼ばれ、自然言語処理を行う際に有効な考え方として知られています。

Word2Vecは人が手作業で作った構造化された知識データではない点で、DBpediaやWordNetとは異なっています。人がデータを用意する代わりに、大規模なテキストデータから語の意味を推定し、単語をベクトルに変換する技術です。類似した語はベクトル空間上で近い位置となることが期待されるため、Word2Vecで変換したベクトル同士の類似度を測定することで、語の類似度を測定することができます。

本書ではWikipediaのテキストから学習したWord2Vecのモデルをダウンロードしてきて使います。以下のページで配布されているモデルを使いましょう。

URL https://github.com/Kyubyong/wordvectors

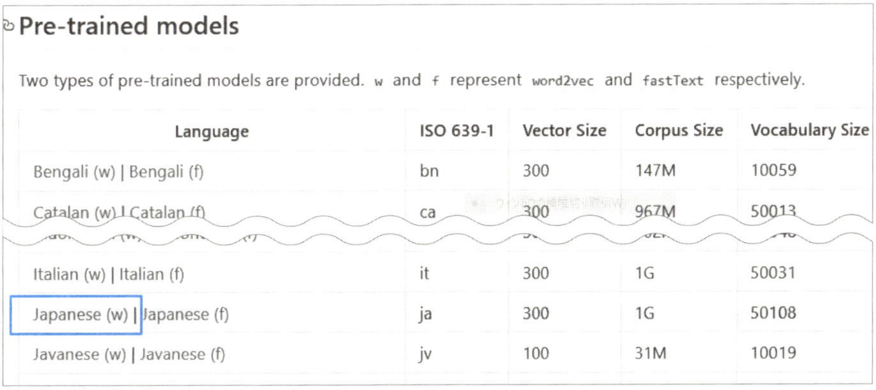

Pre-trained models

Two types of pre-trained models are provided. `w` and `f` represent `word2vec` and `fastText` respectively.

Language	ISO 639-1	Vector Size	Corpus Size	Vocabulary Size
Bengali (w) | Bengali (f)	bn	300	147M	10059
Catalan (w) | Catalan (f)	ca	300	967M	50013
Italian (w) | Italian (f)	it	300	1G	50031
Japanese (w) | Japanese (f)	ja	300	1G	50108
Javanese (w) | Javanese (f)	jv	100	31M	10019

図8.6 Word2Vecモデルのダウンロード

Japanese（w）をクリックし、**ja.zip**をダウンロードしてください。

> **Memo**　「Javanese」は、「ジャワ語」なのでお間違いのないように。

このzipファイルを解凍して、以下の4つのファイルを`data`以下に配置してください。

- `ja.bin`
- `ja.tsv`
- `ja.bin.syn1neg.npy`
- `ja.bin.syn0.npy`

モデルの読み込みには、第7章でインストールした`gensim`ライブラリを使います。

`gensim`には、読み込んだ`word2vec`のモデルをもとに、最も類似している単語を取得する`most_similar`関数が用意されています。この関数に引数で単語を与えると、「Word2Vecで変換されたベクトル同士のコサイン類似度が、入力された単語に対して最も大きい」単語を、最も類似している単語として出力します。

`src/word2vec.py`を新規に作成し、類語を取得する`get_synonyms`関数と類似度を取得する`calc_similarity`関数を定義します（リスト8.12）。

リスト8.12　src/word2vec.py

```python
import gensim

model = gensim.models.Word2Vec.load('./data/ja.bin')

def get_synonyms(text):
    results = []
    for word, sim in model.most_similar(text, topn=10):
        results.append({'term': word, 'similarity': sim})
    return results

def calc_similarity(text1, text2):
    sim = model.similarity(text1, text2)
    return sim
```

リスト8.13が、リスト8.12の関数を呼び出して、Word2Vecにより同義語を取得するプログラムです。なお、このWord2Vecのモデルには「アメリカ合衆国」という語が登録されていないため、「アメリカ合衆国」ではなく「アメリカ」で実行しています。

リスト8.13　src/sample_08_13.py

```
import json

import word2vec

if __name__ == '__main__':
    synonyms = word2vec.get_synonyms('アメリカ')
    print(json.dumps(synonyms, indent=4, ensure_ascii=False))
```

コマンドラインから実行してみましょう。語が10個と、それぞれの類似度が表示されます。前述のDBpediaやWordNetとは異なる同義語が取得できていることがわかります。

> **Memo**
> 「アメリカ合衆国」のように、複数の単語からなる語は、そのままWord2Vecのモデルでベクトルにすることができません。代わりに、「アメリカ」と「合衆国」という単語をそれぞれベクトルにしてその平均を取ることで、複合語をベクトルにする方法があります。

```
$ python3 src/sample_08_13.py
[
    {
        "term": "イギリス",
        "similarity": 0.7778580188751221
    },
    {
        "term": "カナダ",
        "similarity": 0.7089664936065674
    },
    {
        "term": "オーストラリア",
        "similarity": 0.6960539221763611
    },
    {
        "term": "イギリスアメリカ",
        "similarity": 0.671729564666748
    },
    {
        "term": "アルゼンチン",
        "similarity": 0.6481400728225708
    },
    {
        "term": "メキシコ",
        "similarity": 0.6394719481468201
    },
    {
        "term": "ブラジル",
        "similarity": 0.6384978890419006
    },
```

8.6　Word2Vecを用いた類語の取得

```
    {
        "term": "ドイツ",
        "similarity": 0.6304243206977844
    },
    {
        "term": "フランス",
        "similarity": 0.6301647424697876
    },
    {
        "term": "ニュージーランド",
        "similarity": 0.6216776967048645
    }
]
```

　アメリカとイギリスは異なるものですが、出現する文脈が類似しているため「類似している」とされています。このようにWord2Vecによる類語展開では、類義語というよりは、カテゴリが似ている語が出力されやすいことを覚えておきましょう。例えば、アメリカのような固有名詞では、同じ「国」を表す別の固有名詞が出力されやすくなります。また、「健康」などの普通名詞のほうが、意味が似た単語が出力されやすくなります。

　それでは、先ほどの入力を「健康」に変更して、再度実行してみましょう。

```
$ python3 src/sample_08_13.py
[
    {
        "term": "衛生",
        "similarity": 0.5829343795776367
    },
    {
        "term": "心身",
        "similarity": 0.5055597424507141
    },
    {
        "term": "福祉",
        "similarity": 0.48429426550865173
    },
    {
        "term": "保健",
        "similarity": 0.4675716161727905
    },
    {
        "term": "介護",
        "similarity": 0.46678638458251953
    },
    {
        "term": "ケア",
        "similarity": 0.4635636508464813
    },
```

```
    {
        "term": "環境",
        "similarity": 0.44540971517562866
    },
    {
        "term": "精神",
        "similarity": 0.43922868371009827
    },
    {
        "term": "疾病",
        "similarity": 0.43444526195526123
    },
    {
        "term": "リハビリテーション",
        "similarity": 0.426738977432251
    }
]
```

　Word2Vecを用いた類似度計算では、冒頭で述べたとおり「似た文脈で出現する語は意味が類似している」という仮説にもとづいて類似度を計算しています。したがって、学習時に用いたテキスト中に出現したすべての語について類似度を計算することができます。一方、DBpediaやWordNetなどの知識ベースは人が作成するものであるため、使いたい語が登録されていないこともあります。多くの同義語を取得したい場合はWord2Vecのように大規模テキストデータから類似度を学習する方法が適していると考えられます。

　それぞれのデータベース・手法の性質を理解し、用途に応じて使い分けることが大切です。

> **Memo** Word2Vecのモデルに含まれていない語は、ベクトルが呼び出せず、KeyErrorになります。そのため、src/word2vec.pyでは、most_similar関数に渡すtextが読み込んだモデルに含まれていない語の場合にエラーとなってしまいます。他のプログラムに組み込んで使う場合は、自分で例外処理を追加して、KeyErrorになるときには空のリストを返すようにしましょう。

アナロジーの計算

　Word2Vecは語の足し算・引き算ができることで有名になりました。

　ところで、語の足し算・引き算とはどういうことなのでしょうか。例えば、X＝フランス、Y＝パリのとき、X'＝日本とすると、Y'は何になるでしょうか？ 「東京」になってほしいですね。このことを計算式で表すと、Y'＝(Y-X)+X'となります。これが語の足し算・引き算という考え方です。なお、このとき、Y-Xは「首都」のような意味だと解釈できます。

　それでは実際に試してみましょう。

　語の足し算・引き算によってアナロジーを行うanalogy関数をsrc/word2vec.pyに追加

します（リスト8.14）。

リスト8.14 src/word2vec.py

```python
def analogy(X_Y, x):
    X, Y = X_Y
    results = []
    for word, sim in model.most_similar(positive=[Y, x], negative=[X], topn=10):
        results.append({'term': word, 'similarity': sim})
    return results
```

リスト8.15が、実行するためのプログラムです。

リスト8.15 src/sample_08_15.py

```python
import json
import word2vec

if __name__ == '__main__':
    results = word2vec.analogy(('フランス', 'パリ'), '日本')
    print(json.dumps(results, indent=4, ensure_ascii=False))
```

コマンドラインから実行してみましょう。フランスにとってパリは首都であるため、日本にとって首都である東京が出力されていると成功だと考えられます。

```
$ python3 src/sample_08_15.py
[
    {
        "term": "東京",
        "similarity": 0.5726803541183472
    },
    {
        "term": "京都",
        "similarity": 0.5042847990989685
    },
    {
        "term": "北京",
        "similarity": 0.4632992744445801
    },
    {
        "term": "ロンドン",
        "similarity": 0.4597439765930176
    },
    {
        "term": "大阪",
        "similarity": 0.4592345654964447
    },
    {
```

```
            "term": "上海",
            "similarity": 0.4372062683105469
        },
        {
            "term": "ソウル",
            "similarity": 0.4371134638786316
        },
        {
            "term": "京第",
            "similarity": 0.41076335310935974
        },
        {
            "term": "ニューヨーク",
            "similarity": 0.40882599353790283
        },
        {
            "term": "ベルリン",
            "similarity": 0.39789241552352905
        }
]
```

　ここでは、`most_similar`関数を呼び出す際に、`get_synonyms`関数とは違い、新しく`negative`引数を指定しています。これによりY-X+xを行います。

　`most_similar`関数は、`positive`引数と`negative`引数でそれぞれ単語のリストを指定すると、それぞれのリスト内の単語のベクトルの各要素の値を足し合わせたベクトルの和を計算します。そして、`positive`側のベクトルの和から`negative`側のベクトルの和を引いたベクトルに対して、最も類似度の近いベクトルに対応する単語を上位から`topn`個返します。返り値はy＝Y-X+xとしたときのyであるため、y-x＝Y-Xであり、XにとってのYはxにとっての何であるかというアナロジーへの答えになっています。

第3部

テキストデータを活用する Webアプリケーションを作ろう

テキストデータの活用フェーズでは、検索、テキスト分類、評判分析、情報抽出、系列ラベリングなど、自然言語処理の技術を使いながら、Webアプリケーションの形でプログラムを作成していきます。

機械学習やディープラーニングなどの技術も使っていきます。

第9章

テキストを検索しよう

Theme
- 転置インデックス
- プログラムからのSolrの検索
- Solrへのアノテーションデータの登録
- 検索結果のWebアプリケーションでの表示
- 検索時の同義語展開

9.1 Solrを使った検索Webアプリケーション

　本章ではテキストを検索するWebアプリケーションを作成します。**検索**は、皆さんも普段から使っていて、なじみのある機能だと思います。ご存じのように、複数のキーワードを入力すると、そのキーワードを含む文書やファイルの一覧を表示します。

　検索は、自然言語処理と関わりの深い技術です。まず、検索技術について見ていくと、その内部では自然言語処理が使われています。例えば、検索対象の文書やクエリを単語単位に分割するために、自然言語処理の技術が使われます。また、単語の出現頻度やテキストの長さなどにもとづいてテキストにランク付けを行い、ランクの高い順に検索結果を返すことも一例でしょう。さらに高度な検索システムでは、入力されたクエリの同義語も対象に含めて検索を実行します。このように自然言語処理が使われて、検索システムがつくられています。

　一方で、自然言語処理を使ったアプリケーションを作る際にも、検索技術と組み合わせることが多いです。例えば、検索結果として得られた文書に対し、自然言語処理を適用することがあります。アプリケーションにおいて、検索エンジンがデータアクセスの入り口になることが多いのです。また、自然言語処理を行って得られたアノテーションなどの情報を検索できるようにすることもあります。このように、検索と自然言語処理の関係は密接なのです。

　本書では第3章ですでに、検索エンジンである**Solr**をインストールしています。本章では、検索エンジンとしてはそのままSolrを使い、Solrをラップするアプリケーションを作成していきます。

一般的には、入力されたキーワードを含む「文書」や「ファイル」を見つけるために検索が使われるはずです。この場合、文書単位・ファイル単位でデータを登録していくことになります。第3章でも、Wikipediaのページ単位でデータを登録しました。

　しかし、データを登録する単位は文書単位である必要はなく、節単位や段落単位、文単位など、より短い単位でデータを登録することも可能です。例えば、複数のキーワードを入力した場合、文書が長いと、それらのキーワードがテキスト上の離れた位置に書かれていても検索結果としてヒットしてしまいます。そこで、段落単位でデータを登録しておくことで、それらの複数の単語が同じ段落内に書かれている場合のみを検索することができます。一般的に、よりシャープにピンポイントで情報を見つけたいときは、小さい単位でデータを登録しておくとよいでしょう。

　本章では2つのWebアプリケーションを作成します。1つ目のWebアプリケーションでは、キーワードを入力すると、そのキーワードが含まれるWikipediaのページを検索します。このアプリケーションでは文書単位でデータを登録しています。図9.1は、「魚」をキーワードとして検索しているところです。画面下側に「魚」を含む文書の一覧が表示されています。

　このアプリケーションでは、入力したキーワードを文書単位で検索し、キーワードが含まれる部分をハイライトして表示しています。これにより、キーワードが文書内でどのように出現するかがわかります。

図9.1　文書単位で検索するWebアプリケーション

　2つ目は、キーワードとアノテーション名を入力すると、そのキーワードが含まれ、かつ指定されたアノテーションが付与されているテキストを検索するWebアプリケーションです。

このアプリケーションは、文単位でデータを登録します。**図9.2**は「インド」をキーワードとし、アノテーションとして「affiliation」を指定して検索しています。検索結果が表で画面下に表示されています。

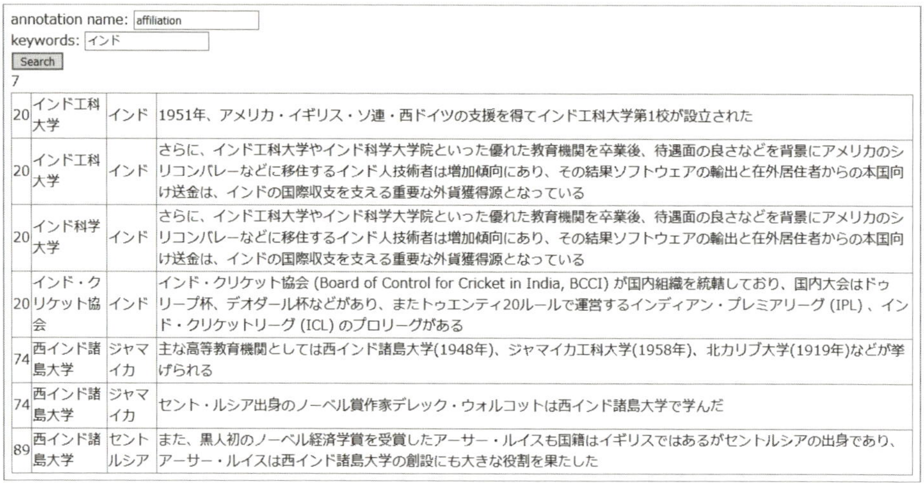

annotation name: affiliation
keywords: インド
Search
7

20	インド工科大学	インド	1951年、アメリカ・イギリス・ソ連・西ドイツの支援を得てインド工科大学第1校が設立された
20	インド工科大学	インド	さらに、インド工科大学やインド科学大学院といった優れた教育機関を卒業後、待遇面の良さなどを背景にアメリカのシリコンバレーなどに移住するインド人技術者は増加傾向にあり、その結果ソフトウェアの輸出と在外居住者からの本国向け送金は、インドの国際収支を支える重要な外貨獲得源となっている
20	インド科学大学	インド	さらに、インド工科大学やインド科学大学院といった優れた教育機関を卒業後、待遇面の良さなどを背景にアメリカのシリコンバレーなどに移住するインド人技術者は増加傾向にあり、その結果ソフトウェアの輸出と在外居住者からの本国向け送金は、インドの国際収支を支える重要な外貨獲得源となっている
20	インド・クリケット協会	インド	インド・クリケット協会 (Board of Control for Cricket in India, BCCI) が国内組織を統轄しており、国内大会はドゥリープ杯、デオダール杯などがあり、またトゥエンティ20ルールで運営するインディアン・プレミアリーグ (IPL) 、インド・クリケットリーグ (ICL) のプロリーグがある
74	西インド諸島大学	ジャマイカ	主な高等教育機関としては西インド諸島大学(1948年)、ジャマイカ工科大学(1958年)、北カリブ大学(1919年)などが挙げられる
74	西インド諸島大学	ジャマイカ	セント・ルシア出身のノーベル賞作家デレック・ウォルコットは西インド諸島大学で学んだ
89	西インド諸島大学	セントルシア	また、黒人初のノーベル経済学賞を受賞したアーサー・ルイスも国籍はイギリスではあるがセントルシアの出身であり、アーサー・ルイスは西インド諸島大学の創設にも大きな役割を果たした

図9.2　アノテーションで検索するWebアプリケーション

これら2つのWebアプリケーションの概要を**図9.3**に示します。検索エンジンとしてはSolrを使い、コアはdocとannoの2つを使います。docは文書単位での検索用のコアで、annoはアノテーションでの検索用のコアです。docは第3章ですでに作成・データ登録しているので、本章では追加でannoを作成し、データを登録します。そのうえで、docを使って文書単位で検索するWebアプリケーションと、annoを使ってアノテーションを指定して検索するWebアプリケーションを作ります。

これら2つのWebアプリケーションを作成するのが本章のゴールです。

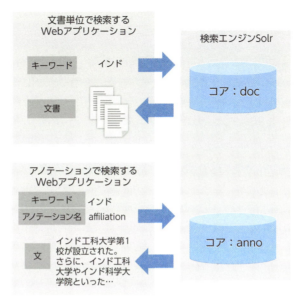

図9.3 テキストを検索するWebアプリケーション

9.2 検索の用途

　検索は、文書やファイルを探すときに使われます。**キーワード**を入力すると、そのキーワードを含む文書やファイルを見つけることができます。その際、先ほど述べたように、文書単位やファイル単位だけでなく、節単位や段落単位、文単位など、より短い単位でデータを登録することも可能です。

　入力はキーワード以外にも、アノテーションを入力することもできます。これにより、「affliation（大学名・学会名）」や「technology_term（技術名）」などの抽象的な概念で検索することができます。例えば、技術名は、表記にパターンがあるわけではないので、アノテーションで検索することで、あらゆる技術名をキーワードとしてクエリに含める必要がなくなります。

　機械学習などでアノテーションを精度よく付ける方法がある場合や、事前に時間をかけてアノテーションを付与することができる場合には、それを検索に使うことができるようになります。

9.3 転置インデックス

　Solrではインデックスとして、**転置インデックス**の一種が使われています。転置インデックスを使うことで、高速にテキストをキーワードで検索できるようになります。

　転置インデックスとは何か、というイメージをつかむために、どのようなものなのか、その機能を知っておきましょう。

　「魚」というキーワードが入力されたとき、「『魚』という単語が含まれているかどうかを、一つ一つの文書すべてで1行ずつ調べていく」方法だと、非常に時間がかかってしまいます。そこで、あらかじめ「魚」という単語がどの文書に含まれているかを調べておくことで、「魚」というキーワードが入力されたときに、すぐに検索結果を出すことができると考えられます。

　例えば、文書IDが、1と7と11の文書に含まれている場合は、

```
「魚」： 1, 7, 11
```

のようなデータを持っておきます。これを出現するすべての単語に対して行います。

> 実用上は、助詞や助動詞に関しては転置インデックスを計算する必要はありません。

　このデータを使うことにより、複数のキーワードをすべて含む文書の検索（AND検索）や、複数のキーワードのいずれかを含む文書の検索（OR検索）、それらの組み合わせの検索が高速に行えるようになります。

　それぞれの文書に対し、その文書に出現する単語を横に並べて書いたものは、

```
文書ID 1： 「魚」「鳥」「ライオン」
文書ID 2： 「コンピューター」「電卓」
...
```

のようになりますが、先ほど作ったデータはこれをひっくり返したような形になっています。そのため、先ほど作ったデータのことを**転置インデックス**と呼びます。

9.4 プログラムからのSolrの検索

まず、プログラムからSolrを検索できるようにします。第3章ではSolrのWeb UIから検索を試してみましたが、同じことをプログラムから行えるようにしていきます。

第3章で、

URL http://localhost:8983/solr/doc/select?q=（検索クエリ）

にアクセスすることで、検索結果を取得できたことを思い出しましょう。同様に、プログラムから上記のURLにアクセスすることで、検索結果を取得します。

リスト3.6（`src/solrindexer.py`）に`search`関数と`search_annotation`関数を追加します（リスト9.1）。

リスト9.1　src/solrindexer.py

```python
def search(keywords, rows=100):                                    # ❶
    query = ' AND '.join([                                         # ❷
        '(' + ' OR '.join(['content_txt_ja:"{0}"'.format(keyword)
            for keyword in group]) + ')'
        for group in keywords])
    data = {
        'q':     query,
        'wt':    'json',                                           # ❸
        'rows':  rows,
        'hl':    'on',
        'hl.fl': 'content_txt_ja',
    }
    # 検索リクエストの作成
    req = urllib.request.Request(
        url  = '{0}/doc/select'.format(solr_url),                  # ❹
        data = urllib.parse.urlencode(data).encode('utf-8'),       # ❺
    )
    # 検索リクエストの実行
    with opener.open(req) as res:
        return json.loads(res.read().decode('utf-8'))              # ❻
def search_annotation(fl_keyword_pairs, rows=100):
    query = ' AND '.join([                                         # ❼
        '(' + ' OR '.join(['{0}:"{1}"'.format(fl, keyword)
            for keyword in group]) + ')'
        for fl, keywords in fl_keyword_pairs
        for group in keywords])
    data = {
        'q':    query,
        'wt':   'json',
        'rows': rows,
```

```
    }
    # 検索リクエストの作成
    req = urllib.request.Request(
        url    = '{0}/anno/select'.format(solr_url),
        data   = urllib.parse.urlencode(data).encode('utf-8'),
    )
    # 検索リクエストの実行
    with opener.open(req) as res:
        return json.loads(res.read().decode('utf-8'))
```

それでは、`search`関数の中を見ていきましょう。`keywords`は二重のリストになっています（❶）。外側のリストは「AND検索したいグループのリスト」で、内側のリストは「OR検索したい語」のリストです。本書では、外側のリストは、AND検索したいキーワードのリストとして、内側のリストは語を同義語展開したものとして使います。ややこしいですが、[単語A, 単語Aの同義語, 単語Aの同義語2], [単語B, 単語Bの同義語, ... というイメージです。

関数の中では、まず検索クエリを作成しています（❷）。ここでは、`keywords`で指定された内容で`content_txt_ja`フィールドを検索するクエリを作成しています。

データ（`data`）のパラメーター`wt`では、受け取る検索結果のデータ形式を`json`に指定しています（❸）。

Solrでの検索APIは`/select`ですので、`url`はsolrのURLとcollection名の`doc`と`/select`を連結します（❹）。また、先ほど作成したJSON形式のデータを`data`として指定しています（❺）。

続いて検索を実行し、検索結果を先ほどと同様にUTF-8のバイト列からUnicode文字列からなる`str`型に変換し、JSON形式の文字列とみなして`dict`型に変換したものを返しています（❻）。

次に、`search_annotation`関数の中を見ていきましょう。

まず`search`関数と同様に、引数`fl_keyword_pairs`で渡されたフィールド名と値のペアをANDとORで連結しています（❼）。例えば、`fl_keyword_pairs = [('name_s', [['sentence']])]`として渡されると、`name_s:"sentence"`のようなクエリが生成されます。

続いて`search`関数と同様に、Solrにクエリを投げて検索結果を取得します。なお、`url`に含まれている`anno`はSolrのコア名を表します。現時点ではまだ作成していませんが、後ほど作成します。

`search`関数は動きますが、`search_annotation`関数のほうは、まだデータがSolrに登録されておらず、アノテーションデータ用のSolrのコアも作成していないため、実行してもエラーが返ってきます。そのため、次節でアノテーションのデータをSolrに登録していきます。

9.5　Solrへのアノテーションデータの登録

第3章で文書単位でデータを登録し、検索できるようにしましたが、ここではアノテーションでも検索できるよう、データをSolrに登録します。

 データをSolrに登録する

まず次のコマンドを実行し、annoという名前のコアを作成します。

```
$ ~/nlp/solr-7.5.1/bin/solr create -c anno
Created new core 'anno'
```

コアが作成されたので、アノテーション関連のデータをannoに登録して、検索できるようにしていきます。

まず、src/annoutil.pyに、find_x_including_y関数を追加します（リスト9.2）。find_x_including_y関数は、アノテーションのリストであるxsの中からアノテーションyを含むものを1つ返します。

リスト9.2　src/annoutil.py

```python
def find_x_including_y(xs, y):
    for x in xs:
        if x['begin'] <= y['begin'] and y['end'] <= x['end']:
            return x
    return None
```

find_x_including_y関数は、アノテーション間の包含関係を扱う関数です。この関数を使うことにより、指定したアノテーションを含む1文を取得します。文の情報もアノテーションとして管理していたことを思い出しましょう。

リスト9.3が、アノテーションのデータをSolrに登録するプログラムです。

リスト9.3　src/sample_09_03.py

```python
import json

import sqlitedatastore as datastore
import solrindexer     as indexer
from annoutil import find_x_including_y

def load_sentence():    ←①
    data = []
    for doc_id in datastore.get_all_ids(limit=-1):
        row = datastore.get(doc_id, ['content', 'meta_info'])
```

```python
            text = row['content']
            meta_info = json.loads(row['meta_info'])
            for i, sent in enumerate(datastore.get_annotation(doc_id, 'sentence')):
                # Solr へ登録するデータ構造へ変換
                data.append({
                    'id':               '{0:d}.{1:s}.{2:d}'.format(doc_id, 'sentence', i),
                    'doc_id_i':         doc_id,
                    'anno_id_i':        i,          ← ❷
                    'name_s':           'sentence', ← ❸
                    'sentence_txt_ja':  text[sent['begin']:sent['end']],
                    'title_txt_ja':     meta_info['title'],
                    'url_s':            meta_info['url'],
                })
        # Solr への登録を実行
        indexer.load('anno', data)

    def load_affiliation():   ← ❹
        anno_name = 'affiliation'
        data = []
        for doc_id in datastore.get_all_ids(limit=-1):
            row = datastore.get(doc_id, ['content', 'meta_info'])
            text = row['content']
            meta_info = json.loads(row['meta_info'])
            sents = datastore.get_annotation(doc_id, 'sentence')
            for i, anno in enumerate(datastore.get_annotation(doc_id, anno_name)):   ← ❺
                # Solr へ登録するデータ構造へ変換
                sent = find_x_including_y(sents, anno)   ← ❻
                data.append({
                    'id':                   '{0:d}.{1:s}.{2:d}'.format(doc_id, anno_name, i),
                    'doc_id_i':             doc_id,
                    'anno_id_i':            i,
                    'name_s':               anno_name,
                    'sentence_txt_ja':      text[sent['begin']:sent['end']],
                    anno_name + '_txt_ja':  text[anno['begin']:anno['end']],   ← ❼
                    'title_txt_ja':         meta_info['title'],
                    'url_s':                meta_info['url'],
                })
        # Solr への登録を実行
        indexer.load('anno', data)

    if __name__ == '__main__':
        datastore.connect()
        load_sentence()
        load_affiliation()
        datastore.close()
```

リスト9.3を詳しく見ていきましょう。

load_sentence関数で、文単位でSolrに登録しています（❶）。Solrのフィールドとして、

新たに、ダイナミックフィールド`anno_id_i`（❷）、`name_s`（❸）を登録しています。`anno_id_i`は整数型で、アノテーションの通し番号を登録します。`name_s`はアノテーション名を登録します。

`load_affiliation`関数（❹）では、`affiliation`アノテーションで検索できるようにSolrに登録しています。それぞれの文書に対し、`sentence`と`affiliation`のアノテーションを取得し、`affiliation`のほうで`for`ループを回しています（❺）。

それぞれの`affiliation`アノテーションに対し、それを含む`sentence`アノテーションを`find_x_including_y`関数で探し（❻）、Solr用のデータ構造を作成しています。`load_sentence`関数と比べると、1つだけ`affiliation_txt_ja`（❼）というダイナミックフィールドが追加されており、ここには`affiliation`のアノテーションが付いた部分のテキストを格納します。

コマンドラインから実行して、文単位のデータをSolrに登録しましょう。

```
$ python3 src/sample_09_03.py
{
  "responseHeader":{
    "status":0,
    "QTime":658}}

{
  "responseHeader":{
    "status":0,
    "QTime":115}}

{
  "responseHeader":{
    "status":0,
    "QTime":9}}

{
  "responseHeader":{
    "status":0,
    "QTime":14}}
```

これでアノテーションで検索できるようになりました。前節で作成した関数を用いてSolrで検索してみましょう。

文書単位で検索する

まず文書単位で検索してみます。**リスト9.4**が検索を実行するプログラムです。

リスト9.4　src/sample_09_04.py

```python
import json

import solrindexer as indexer

if __name__ == '__main__':
    results = indexer.search(keywords=[['アメリカ'], ['大学']], rows=5)    ←❶

    print('responseHeader')
    print(json.dumps(results['responseHeader'],
                     indent=4, ensure_ascii=False), '\n\n')

    print('highlighting')    ←
    print(json.dumps(results['highlighting'],                           ❷
                     indent=4, ensure_ascii=False), '\n\n')    ←

    print('response')
    print(results['response']['numFound'])    ←❸
    for row in results['response']['docs']:    ←❹
        for fl, value in row.items():
            if fl == 'content_txt_ja':
                value = value[:300].replace('\n', ' ')
            print('{0}\t{1}'.format(fl, value))
        print()
```

検索を実行しているのは❶の1行だけで、その下は検索結果を表示しています。

このプログラムは、「アメリカ」と「大学」を両方含む文書を検索しています。**highlighting**の部分（❷）は、あとでWebアプリケーションを作成するときに使います。ここは、入力したキーワードを含む部分を抜き出して、ハイライトしたデータが入っています。

responseの**numFound**（❸）はヒットしたデータの数を表します。**response**の**docs**（❹）に検索結果が入っています。

コマンドラインから実行して、検索結果が表示されれば成功です。

```
$ python3 src/sample_09_04.py
responseHeader
{
    "status": 0,
    "QTime": 130,
    "params": {
```

```
            "hl": "on",
            "q": "(content_txt_ja:¥"アメリカ¥") AND (content_txt_ja:¥"大学¥")",
            "rows": "5",
            "hl.fl": "content_txt_ja",
            "wt": "json"
        }
    }
    highlighting
    {
        "57": {
            "content_txt_ja": [
                "¥n.cr¥n¥n¥n 国際電話番号 ¥n506¥n¥n¥n¥n コスタリカ共和国（コスタリカきょう
                わこく、スペイン語：República de Costa Rica）、通称コスタリカは、中央 <em>
                アメリカ </em> 南部に位置する共和制国家 "
            ]
        },
        "6": {
            "content_txt_ja": [
                "、スペイン語：República Argentina）、通称アルゼンチンは、南 <em> アメリカ
                </em> 南部に位置する連邦共和制国家である。西と南にチリ、北にボリビア・パラグ
                アイ、北東にブラジル・ウルグアイと国境を接し、東 "
            ]
        },
        ...
```

response
50
doc_id_i   57
id   57
version   1603584136780447744
url_s   https://ja.wikipedia.org/wiki/%E3%82%B3%E3%82%B9%E3%82%BF%E3%83%AA%E3%82%AB
title_txt_ja   コスタリカ
content_txt_ja   コスタリカ　出典：フリー百科事典『ウィキペディア（Wikipedia）』
Jump to navigation Jump to search　コスタリカ共和国 República de Costa Rica　　　（国
旗）国章　　国の標語：なし 国歌：高貴な故国、美しき旗　　公用語 スペイン語　首都 サ
ンホセ　　最大の都市 サンホセ　　　政府　　大統領 カルロス・アルバラド・ケサダ（英語版）
首相なし　　面積　総計 51,100km2（125 位）　水面積率 0.9%　　人口　総計（2016 年）
4

doc_id_i   59
id   59
...

9.5　Solr へのアノテーションデータの登録 | 169

アノテーションを使って検索する

続いてアノテーションを使って検索してみましょう。**リスト 9.5** が、アノテーションを使って検索するプログラムです。

リスト 9.5 src/sample_09_05.py

```
import json

import solrindexer as indexer

if __name__ == '__main__':
    results = indexer.search_annotation(
        fl_keyword_pairs=[
            ('affiliation_txt_ja', [['インド']])   ←①
        ],
        rows=5
    )
    print(json.dumps(results, indent=4, ensure_ascii=False))
```

リスト 9.5 は、affiliation アノテーションが付いている部分（❶）に「インド」が含まれるものを検索しています。fl_keyword_pairs のところを、

```
fl_keyword_pairs=[

    ('sentence_txt_ja', [['インド']]),

    ('name_s', [['sentence']]),

],
```

とすれば、特定のアノテーションを指定せずに、文単位で検索をすることができます。
コマンドラインから実行して、次のような検索結果が表示されれば成功です。

```
$ python3 src/sample_09_05.py
{
    "responseHeader": {
        "status": 0,
        "QTime": 0,
        "params": {
            "wt": "json",
            "rows": "100",
            "q": "(affiliation_txt_ja:\"インド\")"
        }
    },
    "response": {
```

```
    "numFound": 4,
    "docs": [
        {
            "affiliation_txt_ja": "インド工科大学",
            "anno_id_i": 1,
            "sentence_txt_ja": "1951年、アメリカ・イギリス・ソ連・西ドイツの支援を
            得てインド工科大学第1校が設立された",
            "doc_id_i": 20,
            "_version_": 1609121505987264521,
            "name_s": "affiliation",
            "url_s": "https://ja.wikipedia.org/wiki/%E3%82%A4%E3%83%B3
            %E3%83%89",
            "id": "20.1",
            "title_txt_ja": "インド"
        },
    ...
```

9.6 検索結果のWebアプリケーションでの表示

それでは、上記で作った関数を用いて、Webアプリケーションの形にしていきましょう。検索で取得したデータをWebアプリケーション上に表示するところがポイントです。その際、検索結果はテーブルの形式で表示しますが、それには、Vue.jsの機能を使うと簡単に書けます。

 HTMLファイル

まず検索結果をテーブルの形式で表示するHTMLファイルから作成していきましょう。リスト9.6が、Webページになる HTMLファイルです。

リスト9.6 src/static/sample_09_06.html

```
<style type="text/css">            ←
em { background-color: yellow; }      ❶
</style>                           ←

<div id="main">
  keywords: <input type="text" v-model="keywords"/><br/>
  <button v-on:click="run">Search</button><br/>
  {{ result.numFound }} <br/>
  <table border=1 style="border-collapse: collapse">   ← ❷
    <tr v-for="(row, _index) in result.docs">   ← ❸
      <td>{{ row.doc_id_i }}</td>   ← ❹
      <td><a v-bind:href="row.url_s">{{ row.title_txt_ja }}</a></td>   ← ❹
      <td>
```

```
            <div v-for="(html, _j) in hl[row.doc_id_i]['content_txt_ja']"
                v-html="html">              ❺
            </div>
        </td>
    </tr>
  </table>
</div>

<script src="https://unpkg.com/vue"></script>
<script src="https://cdn.jsdelivr.net/npm/vue-resource@1.3.4"></script>
<script src="/file/sample_09_07.js"></script>
```

　リスト9.6では、先頭の`<style type="text/css">`のところ（❶）で、HTMLの`<em>`タグの背景色を黄色にするように設定しています。具体的には、Solrが検索キーワードを含む部分を`<em>`タグで囲んで返すため、この部分を強調して表示できるようにしています。

　続いて、これまでに開発したWebアプリケーションと同様に、テキストフィールドとボタンを配置しています。

　次の`<table>`タグ（❷）の中が重要な部分です。ここで、検索結果をテーブルの形式で表示しています。`<tr>`タグの`v-for`により、検索で見つかったドキュメントの文だけループを回して、テーブルの行を追加しています（❸）。`result.docs`はJavaScript内の配列型の変数です。

　`result.docs`の配列のそれぞれの要素が`row`に渡され、続く3つの`<td>`タグ（❹）で要素の内容がテーブルのセルとして表示されます。特に最後の`<td>`タグでは、文書の中の検索キーワードを含む部分をスニペットとして表示しています（❺）。SolrがHTML形式でデータを返すため、ここでは`v-html`でHTMLを埋め込んでいます。

JavaScriptのプログラム

　次にJavaScriptのプログラムを作成します（リスト9.7）。

リスト9.7　src/static/sample_09_07.js

```
var main = new Vue({
    el: '#main',
    data: {
        keywords:   '魚',
        result:     [],
        hl:         {},
    },
    methods: {
        run: function() {
            this.$http.get(
                '/get',
```

```
                {"params": {
                    'keywords': this.keywords,
                }},
            ).then(response => {
                this.result = response.body.response;
                this.hl = response.body.highlighting;
            }, response => {
                console.log("NG");
                console.log(response.body);
            });
        },
    }
});
```

リスト9.7は第6章で作成したものとほぼ同じです。そのため、説明は割愛します。

 ## サーバーサイドのプログラム

最後にサーバーサイドのプログラムを作りましょう。リスト9.8がサーバーサイドのプログラムです。

リスト9.8　src/sample_09_08.py

```
import json

import bottle
import solrindexer as indexer

@bottle.route('/')
def index_html():
    return bottle.static_file('sample_09_06.html', root='./src/static')


@bottle.route('/file/<filename:path>')
def static(filename):
    return bottle.static_file(filename, root='./src/static')


@bottle.get('/get')
def get():    ←❶
    keywords = bottle.request.params.keywords.split()    ←❷
    results = indexer.search(    ←❸
        keywords=[[keyword] for keyword in keywords],
    )
    return json.dumps(results, ensure_ascii=False)

if __name__ == '__main__':
    bottle.run(host='0.0.0.0', port='8702')
```

それでは、**リスト9.8**を詳しく見ていきましょう。

これまでと異なるのは**get**関数（❶）の部分のみです。**get**関数では、まずリクエストの中から変数**keywords**を受け取り、空白文字で区切ってリストにしています（❷）。続いて、先ほど作成した**search**関数を呼んでいます（❸）。

コマンドラインから実際に動かしてみましょう。

```
python3 src/sample_09_08.py
```

起動したら、Webブラウザーで

URL http://localhost:8702/get?keywords=インド

にアクセスしてみてください。「インド」をクエリとして検索した結果が表示されていれば、サーバーサイドのプログラムは正常に動いています。

エラーが出る場合はSolrが立ち上がっていない可能性があります。第3章に記載した方法で、Solrを再度立ち上げてみましょう。

それでは、いよいよ

URL http://localhost:8702

にアクセスして、自分で作成したWebアプリケーションが正しく動いているか確認してみましょう。**図9.4**のようなWebページが表示されているはずなので、[Search]ボタンをクリックして、その下に検索結果が表示されれば成功です。

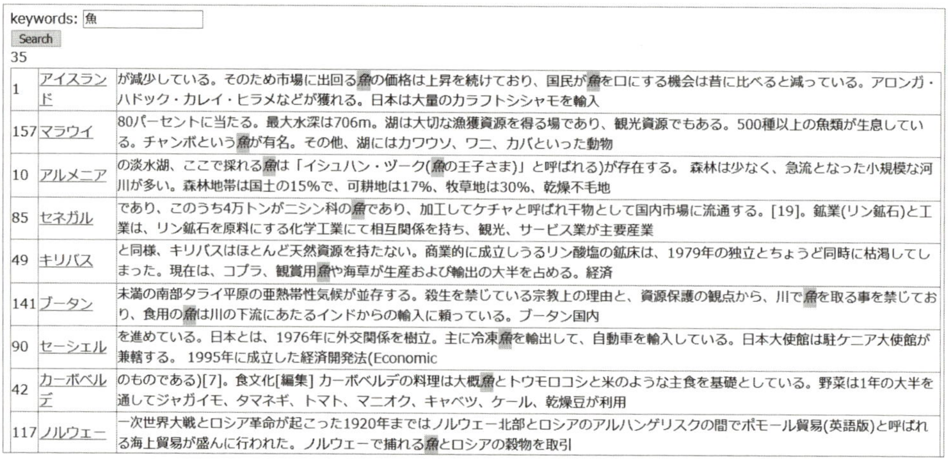

図9.4 文書単位で検索するWebアプリケーション

国名をクリックすると、Wikipediaのページに移動することができます。検索キーワードをいろいろと変更して試してみましょう。なお、空白で区切って複数の単語を入れると、それらの単語のAND検索になります。

9.7 検索時の同義語展開

検索するときに、入力したキーワードだけでなく、そのキーワードの同義語もクエリに含めて検索すると、より検索漏れが少なくなります。これを**同義語展開**といいます。

そこで、第7章で作成した同義語を取得する関数を用いて、同義語展開してから検索するように改良してみましょう。

リスト9.8のget関数を**リスト9.9**のように書き換えてみましょう。ここでは、例としてDBpediaから取得した同義語を使ってみます。

リスト9.9 src/sample_09_09.py

```
import json

import bottle
import dbpediaknowledge
import solrindexer as indexer

...

@bottle.get('/get')
def get():
    keywords = bottle.request.params.keywords.split()
    keywords_expanded = [[keyword] + [synonym['term'] for synonym
                         in dbpediaknowledge.get_synonyms(keyword)]
                        for keyword in keywords]

    results = indexer.search(
        # keywords=[[keyword] for keyword in keywords],
        keywords=keywords_expanded,
    )
    return json.dumps(results, ensure_ascii=False)
```

ここで、`import`文を`import wordnetknowledge`とし、`get_synonyms`関数の呼び出し部分を`wordnetknowledge.get_synonyms`とすると（太字部分）、DBpediaの替わりにWordNetを使って同義語展開してクエリを作成します。同様に、`import word2vec`とすると、`word2vec.get_synonyms`関数でWord2Vecを使って同義語展開できます。自分で`import`文を変更して試してみましょう。

それでは、**リスト9.9**を動かして、Webブラウザーで

URL http://localhost:8702

にアクセスして、同義語展開が動いているか確認してみましょう。**図9.5**のように、「米国」と入力して検索してみて、「アメリカ合衆国」を含むものも検索結果として表示されていれば成功です。

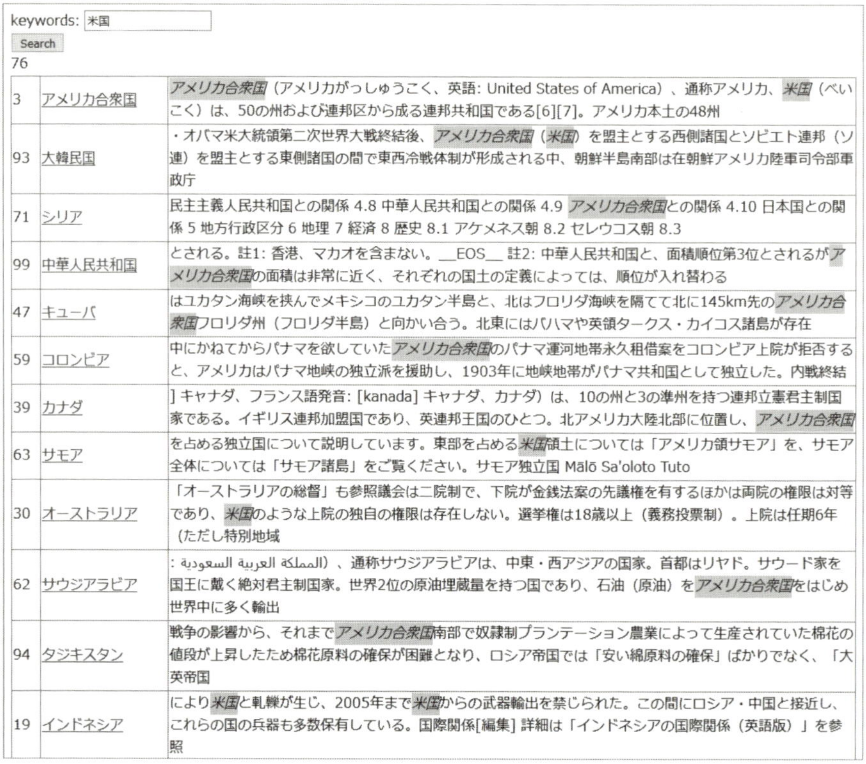

keywords: 米国

Search

76

3	アメリカ合衆国	アメリカ合衆国（アメリカがっしゅうこく、英語: United States of America）、通称アメリカ、米国（べいこく）は、50の州および連邦区から成る連邦共和国である[6][7]。アメリカ本土の48州
93	大韓民国	・オバマ米大統領第二次世界大戦終結後、アメリカ合衆国（米国）を盟主とする西側諸国とソビエト連邦（ソ連）を盟主とする東側諸国の間で東西冷戦体制が形成される中、朝鮮半島南部は在朝鮮アメリカ陸軍司令部軍政庁
71	シリア	民主主義人民共和国との関係 4.8 中華人民共和国との関係 4.9 アメリカ合衆国との関係 4.10 日本国との関係 5 地方行政区分 6 地理 7 経済 8 歴史 8.1 アケメネス朝 8.2 セレウコス朝 8.3
99	中華人民共和国	とされる。註1: 香港、マカオを含まない。__EOS__ 註2: 中華人民共和国と、面積順位第3位とされるがアメリカ合衆国の面積は非常に近く、それぞれの国土の定義によっては、順位が入れ替わる
47	キューバ	はユカタン海峡を挟んでメキシコのユカタン半島と、北はフロリダ海峡を隔てて北に145km先のアメリカ合衆国フロリダ州（フロリダ半島）と向かい合う。北東にはバハマや英領タークス・カイコス諸島が存在
59	コロンビア	中にかねてからパナマを欲していたアメリカ合衆国のパナマ運河地帯永久租借案をコロンビア上院が拒否すると、アメリカはパナマ地峡の独立派を援助し、1903年に地峡地帯がパナマ共和国として独立した。内戦終結
39	カナダ	] キャナダ、フランス語発音: [kanada] キャナダ、カナダ）は、10の州と3の準州を持つ連邦立憲君主制国家である。イギリス連邦加盟国であり、英連邦王国のひとつ。北アメリカ大陸北部に位置し、アメリカ合衆国
63	サモア	を占める独立国について説明しています。東部を占める米国領土については「アメリカ領サモア」を、サモア全体については「サモア諸島」をご覧ください。サモア独立国 Mālō Sa'oloto Tuto
30	オーストラリア	「オーストラリアの総督」も参照議会は二院制で、下院が金銭法案の先議権を有するほかは両院の権限は対等であり、米国のような上院の独自の権限は存在しない。選挙権は18歳以上（義務投票制）。上院は任期6年（ただし特別地域
62	サウジアラビア	: المملكة العربية السعودية）、通称サウジアラビアは、中東・西アジアの国家。首都はリヤド。サウード家を国王に戴く絶対君主制国家。世界2位の原油埋蔵量を持つ国であり、石油（原油）をアメリカ合衆国をはじめ世界中に多く輸出
94	タジキスタン	戦争の影響から、それまでアメリカ合衆国南部で奴隷制プランテーション農業によって生産されていた棉花の値段が上昇したため棉花原料の確保が困難となり、ロシア帝国では「安い綿原料の確保」ばかりでなく、「大英帝国
19	インドネシア	により米国と軋轢が生じ、2005年まで米国からの武器輸出を禁じられた。この間にロシア・中国と接近し、これらの国の兵器も多数保有している。国際関係[編集] 詳細は「インドネシアの国際関係（英語版）」を参照

図9.5　同義語展開を使った場合の検索結果

9.8 アノテーションでの検索

最後にこれまで学んだことを統合して、アノテーションで検索できるWebアプリケーションを作成してみましょう。HTMLファイル（**リスト9.10**）、JavaScriptプログラム（**リスト9.11**）、サーバーサイドのプログラム（**リスト9.12**）の3つを作成します。

リスト9.10　src/static/sample_09_10.html

```html
<div id="main">
  annotation name: <input type="text" v-model="name"/><br/>
  keywords: <input type="text" v-model="keywords"/><br/>
  <button v-on:click="run">Search</button><br/>
  {{ result.numFound }} <br/>
  <table border=1 style="border-collapse: collapse">
    <tr v-for="(row, _) in result.docs">
      <td>{{ row.doc_id_i }}</td>
      <td>{{ row[name + '_txt_ja'] }}</td>
      <td>{{ row.title_txt_ja }}</td>
      <td>{{ row.sentence_txt_ja }}</td>
    </tr>
  </table>
</div>
<br/>

<script src="https://unpkg.com/vue"></script>
<script src="https://cdn.jsdelivr.net/npm/vue-resource@1.3.4"></script>
<script src="/file/sample_09_11.js"></script>
```

リスト9.11　src/static/sample_09_11.js

```js
var main = new Vue({
    el: '#main',
    data: {
        name:     'affiliation',
        keywords: 'インド',
        result:   {},
    },
    methods: {
        run: function() {
            this.$http.get(
                '/get',
                {'params': {
                    'name':     this.name,
                    'keywords': this.keywords,
                }},
            ).then(response => {
                this.result = response.body.response;
```

```
                    console.log(this.result);
                }, response => {
                    console.log('NG');
                    console.log(response.body);
                });
            },
        }
    });
```

リスト9.12　src/sample_09_12.py

```python
import json

import bottle
import dbpediaknowledge
import solrindexer as indexer

@bottle.route('/')
def index_html():
    return bottle.static_file('sample_09_10.html', root='./src/static')

@bottle.route('/file/<filename:path>')
def static(filename):
    return bottle.static_file(filename, root='./src/static')

@bottle.get('/get')
def get():
    name = bottle.request.params.name          ←❶
    keywords = bottle.request.params.keywords.split()   ←❷
    keywords_expanded = [[keyword] + [synonym['term'] for synonym
                          in dbpediaknowledge.get_synonyms(keyword)]
                         for keyword in keywords]
    if keywords_expanded != []:
        fl_keyword_pairs = [(name + '_txt_ja', keywords_expanded)]
    else:
        fl_keyword_pairs = [('name_s', [[name]])]

    results = indexer.search_annotation(fl_keyword_pairs)   ←❸
    return json.dumps(results, ensure_ascii=False)

if __name__ == '__main__':
    bottle.run(host='0.0.0.0', port='8702')
```

リスト9.12では、get関数の中でリクエストの中から変数name（❶）と変数keywordsを受け取り（❷）、search_annotationを呼んでいます（❸）。例えば、変数nameがaffiliationだったとすると、affiliation_txt_ja:"キーワード"としてSolrにクエリを投げます。

それでは、**リスト9.12**を実行し、

URL http://localhost:8702

にアクセスしてみましょう。図9.6のようなWebページが表示されるはずなので、
［Search］ボタンをクリックして、その下に検索結果が表示されれば成功です。

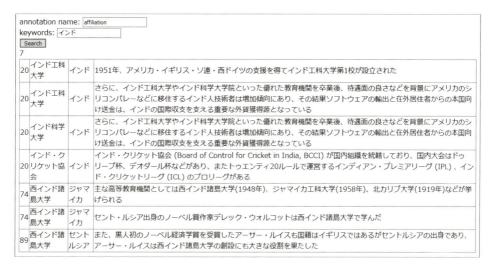

図9.6　文書単位で検索するWebアプリケーション

　検索キーワードをいろいろと変更して試してみましょう。先ほどと同様に空白で区切って複数の単語を入れると、それらの単語のAND検索になります。

第10章 テキストを分類しよう

Theme
- ルールベースによるテキスト分類
- 学習データの作成
- 教師あり学習によるテキスト分類
- ディープラーニングによるテキスト分類
- テキストを分類して表示するWebアプリケーション

10.1 テキスト分類とは

テキスト分類とは、テキストをその内容にもとづいてあらかじめ決まっているカテゴリに仕分けることです。

本章では、すでにデータベースに登録してある「Wikipediaの国に関するページ」の一文一文に対して、その文が国の名物について書かれているものかどうかを分類します。つまり、「国の名物についての記述」か「それ以外」かの2つのカテゴリに分類することになります。

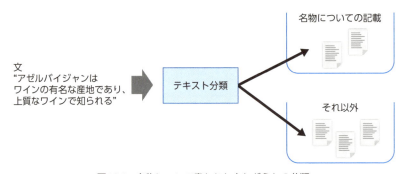

図10.1 名物について書かれた文かどうかの分類

テキストを分類するためのプログラムを**分類器**と呼びます。本章では分類器として、

- ルールベースのもの
- 教師あり学習を用いるもの
- ディープラーニングを用いるもの

の3つを作成していきます。

分類結果を**図10.2**のようなWebアプリケーションで表示できるようにするのが、本章のゴールです。

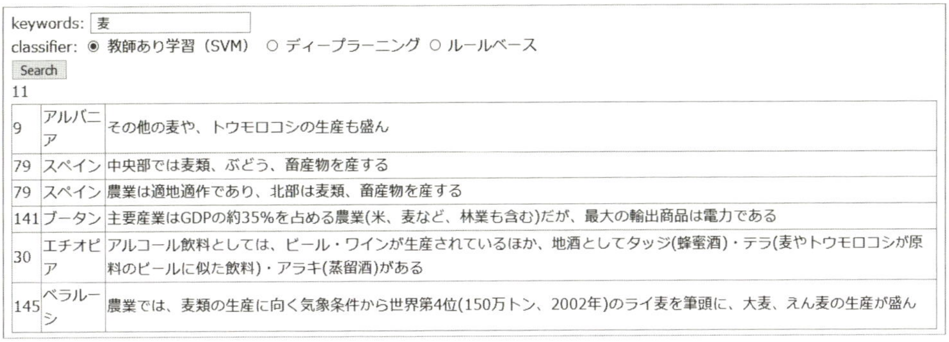

keywords: 麦
classifier: ◉ 教師あり学習（SVM） ○ ディープラーニング ○ ルールベース
Search
11

9	アルバニア	その他の麦や、トウモロコシの生産も盛ん
79	スペイン	中央部では麦類、ぶどう、畜産物を産する
79	スペイン	農業は適地適作であり、北部は麦類、畜産物を産する
141	ブータン	主要産業はGDPの約35%を占める農業(米、麦など、林業も含む)だが、最大の輸出商品は電力である
30	エチオピア	アルコール飲料としては、ビール・ワインが生産されているほか、地酒としてタッジ(蜂蜜酒)・テラ(麦やトウモロコシが原料のビールに似た飲料)・アラキ(蒸留酒)がある
145	ベラルーシ	農業では、麦類の生産に向く気象条件から世界第4位(150万トン、2002年)のライ麦を筆頭に、大麦、えん麦の生産が盛ん

図10.2　名物を検索するWebアプリケーション

このWebアプリケーションでは、［keywords］欄にキーワードを入力し［Search］ボタンを押すと、そのキーワードが含まれる文を検索します。続いて、その検索結果に対してテキスト分類技術を適用し、名物について記載されていると判定されたものだけを表示します。

文の検索
検索エンジン
テキスト分類
Webブラウザに表示

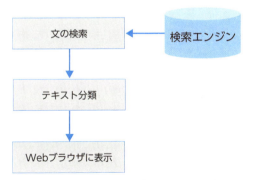

図10.3　名物を検索するWebアプリケーションの処理フロー

10.2 テキスト分類の用途

テキスト分類にはさまざまな形態のものがあります。代表的な例としては、「ニュース記事のジャンル別分類」が挙げられるでしょう。ニュース記事の分類では、記事を政治・芸能・スポーツなどあらかじめ決めた複数のカテゴリに仕分けます。テキストが分類されていると、自分の読みたいジャンルのテキストだけを抜き出して読むようなことができて便利ですね。

図10.4　テキスト分類のさまざまな例

別の例である「スパムメールの分類」は、メールをスパムであるか否かという2つのカテゴリに仕分けます。メールを2つのカテゴリに分類することで、スパムであると判定されたメールを隔離できます。大量に届くメールから、スパムメールを自動で隔離することで、読むべきメールだけを効率的に閲覧することができます。

テキストの分類には、自動分類の結果をそのまま使うだけでなく「自動で分類されたものを人間が修正する」という使い方もあります。自動分類で完璧に正しく分類できるようにするのは難しいですが、人が一から分類を決めるよりも自動分類の結果を修正するようにすることで、作業の労力を軽減するという使い方があります。

本章では、文を、名物について書かれた文であるか否かという2つのカテゴリに仕分けていきます。また、先ほどの例に挙げた「スパムメールの分類」「ニュース記事のジャンル別分類」はどちらも記事（複数の文からなるテキスト）を分類していますが、本節では、Wikipediaの記事の文一つ一つを分類対象としています。

図10.4のように、記事の分類と文の分類は一見違うように見えますが、テキストの長さが違うだけで、同じテキスト分類として扱うことができます。本節では、テキスト分類の詳しい動きを理解しやすいように、文という短いテキストを分類していきます。

10.3 特徴量と特徴量抽出

テキスト分類では「テキストがどのカテゴリに属するか」を決めていきます。その際、どのような分類を行いたいか、つまり「分類先のカテゴリ」はあらかじめ定めておきます。

類似の目的に使える技術として、クラスタリングがあります。第7章でも説明したように、テキストのクラスタリングは、テキストの集合に対して「類似しているテキスト同士をひと塊りにまとめていく」技術です。

入力されたテキストの集合によって、どのようなまとまりになっていくかは変わります。似たもの同士を集めていくため、クラスタリングを始めるときにはカテゴリのようなものは決まっておらず、クラスタリングの結果から自然とカテゴリができるというイメージです。例えば、クラスタリングの結果を見て、「きっとこのテキストのまとまりは、領土に関して記載しているものが、集まっているんだな」という感じです。

一方、テキスト分類では、あらかじめどのようなカテゴリに分けたいかを決めておくため、目的に沿ってテキストを仕分けすることができます。本章では、名物の情報を効率的に閲覧したいという目的に合わせて、名物について記載された文とそれ以外の2つのカテゴリにテキストを分類していきます。

一般にテキスト分類では、図10.5のように、テキストを**特徴量**と呼ばれるものに変換します。これを**特徴量抽出**といいます。テキストそのものでは機械学習などの技術で扱いにくいため、テキストそのものではなく、そのテキストの特徴を表すような数値やフラグに変換して、その複数の数値やフラグを連結したものを使います。この数値やフラグが特徴量です。なお自然言語処理では、特徴量のことを**素性**と呼ぶことが多いので覚えておきましょう。

図10.5　テキスト分類

Column　二値分類と多値分類

カテゴリ数が2つの場合は**二値分類**、カテゴリ数が3以上の場合は**多値分類**と呼ばれます。先ほど例として挙げた「ニュース記事のジャンル別分類」では、通常カテゴリ数は3つ以上となるため多くは多値分類になります。

実は、多値分類は二値分類を組み合わせることで行うことができます。本節では多値分類は扱いませんが、ここで少しだけ二値分類によって多値分類を行うやり方を説明しておきます。

例えば、N個のカテゴリがある場合、それぞれのカテゴリに対して「そのカテゴリに該当するか否か」という二値分類をN回行い、最も重みの大きなカテゴリを採用することでN値分類が行えます。この手法は **one-vs-rest法** と呼ばれます。

あるいは、2つのカテゴリのすべての組み合わせの分だけN(N-1)/2回の二値分類を行い、該当すると判定された回数の最も多いカテゴリを採用することもできます。この手法は **one-vs-one法** と呼ばれます。

10.4　ルールベースによるテキスト分類

まずは、人が分類のルールを決め、それを **if**文などでプログラムに直接、実装する方法でテキスト分類をしてみます。このように人が経験にもとづいてルールを決め、それをプログラムで実行できるようにしていくアプローチを**ルールベース**と呼びます。

以下の文について考えてみましょう。

> アゼルバイジャンはワインの有名な産地であり、上質なワインで知られる

人は、このテキストが「名物について書かれているものだ」とみなしますね。この例文から、「有名」という語や地名が含まれていると、名物について書かれていると判定してもよいのではないかと推測できるでしょう。

そこで、ここから人の知識や経験にもとづいて、より汎用的なルールを考え、そのルールをプログラムで実装していくとよさそうです。

一例として、以下のようなルールが考えられます。

- ルール `"contain_yumei"`：「有名」という語を含んでいるか？
- ルール `"contain_LOC"`：地名を含んでいるか？
- ルール `"contain_oishii"`：「おいしい」という語を含んでいるか？

通常は、上記のような小さなルールを、AND（かつ）やOR（または）で組み合わせて、最終的な判定ルールを作っていきます。

例えば、

「"有名"という語を含んでいる」 かつ 「地名を含んでいる」
または
「"おいしい"という語を含んでいる」

のように組み合わせることができます。

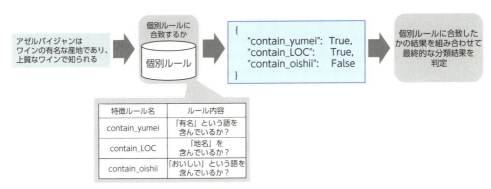

図10.6 ルールベースによるテキスト分類

図10.6に全体像をまとめました。図10.6に示すように、まずは小さな個別ルールに合致するかどうかを調べ、その判定結果を組み合わせて、最終的なテキスト分類の結果を判定します。

ルールベースでテキスト分類をするプログラム

では、実際にルールベースでテキスト分類をするプログラムを作っていきましょう。もちろん、上記のルールだけでは十分とはいえませんが、雰囲気をつかむため、まずは上記の簡単なルールだけを実装していきます。

src/ruleclassifier.pyを新規に作成し、個別ルールに対応する関数、個別ルールに合致するかの計算を行うconvert_into_features_using_rules関数、その結果を組み合わせて最終的な分類結果を判定するmeibutsu_rule関数などを作成します（リスト10.1）。

リスト10.1　src/ruleclassifier.py

```
def contain_yumei(tokens):   ← ❶
    for token in tokens:
        if token['lemma'] == '有名':
            return True
    return False
```

```python
def contain_LOC(tokens):    ❷
    for token in tokens:
        if token.get('NE', '').endswith('LOCATION'):
            return True
    return False


def contain_oishii(tokens):    ❸
    for token in tokens:
        if token['lemma'] == 'おいしい':
            return True
    return False


def meibutsu_rule(feature):    ❹
    if feature['contain_yumei'] and feature['contain_LOC']:
        return 1
    if feature['contain_oishii']:
        return 1
    return 0


def get_rule():    ❺
    return {
        'partial': {
            'contain_yumei':  contain_yumei,
            'contain_LOC':    contain_LOC,
            'contain_oishii': contain_oishii,
        },
        'compound': meibutsu_rule
    }


def convert_into_features_using_rules(sentences, rule):    ❻
    features = []
    for doc_id, sent, tokens in sentences:
        feature = {}
        for name, func in rule['partial'].items():
            feature[name] = func(tokens)
        features.append(feature)
    return features


def classify(features, rule):    ❼
    return [rule['compound'](feature) for feature in features]
```

リスト10.1では、変換ルールを3つ実装しています。文内に"有名"という語を含んでいるかというルールが`contain_yumei`関数（❶）、文内に`"LOCATION"`という固有表現を含んでいるかというルールが`contain_LOC`関数（❷）、文内に"おいしい"という語を含んでいるかというルールが`contain_oishii`関数（❸）です。

`meibutsu_rule`関数は、これら3つのルールを組み合わせて、最終的な分類結果を判定します（❹）。ここでは、「『有名という語を含んでいる』かつ『地名を含んでいる』場合、もしくは『おいしいという語を含んでいる』場合に、カテゴリ1を返す」というものを実装しています。

`get_rule`関数は、個別ルールと最終的な分類結果を判定するルールを返す関数で、実行するプログラムからルールを呼び出すときに使います（❺）。

`convert_into_features_using_rules`関数は、引数で渡されたルールを文に適用します（❻）。

`classify`関数は、引数で渡された分類ルールを適用し、分類結果を返します（❼）。

リスト10.1を呼び出して分類を実行し、評価結果を表示するのが**リスト10.2**のプログラムです。

リスト10.2　src/sample_10_02.py

```
import ruleclassifier
import solrindexer as indexer
import sqlitedatastore as datastore
from annoutil         import find_xs_in_y

if __name__ == '__main__':
    datastore.connect()
    results = indexer.search_annotation(            ←❶
        fl_keyword_pairs = [
            ('name_s',        [['sentence']]),      ←❷
        ], rows=2000)
    sentences = []
    for r in results['response']['docs']:
        sent = datastore.get_annotation(r['doc_id_i'], 'sentence')[r['anno_id_i']]
        tokens = find_xs_in_y(datastore.get_annotation(
                          r['doc_id_i'], 'token'), sent)     ←❸
        sentences.append((r['doc_id_i'], sent, tokens))      ←❹

    # ルール取得
    rule = ruleclassifier.get_rule()               ←❺

    # 分類
    features   = ruleclassifier.convert_into_features_using_rules↵
(sentences, rule)     ←❻
    predicteds = ruleclassifier.classify(features, rule)    ←❼
```

10.4　ルールベースによるテキスト分類　**187**

```
for predicted, (doc_id, sent, tokens) in zip(predicteds, sentences):
    if predicted == 1:
        text = datastore.get(doc_id, ['content'])['content']
        print(predicted, text[sent['begin']:sent['end']])
datastore.close()
```
❽

コマンドラインから実行すると、「名物についての文である」と仕分けられたものだけが表示されます。

```
$ python3 src/sample_10_02.py
1 アゼルバイジャンはワインの有名な産地であり、コーカサス有数の上質なワインで知られる
1 庶民が好んで飲むイワノフカは低価格で飲みやすくおいしい
1 アメリカ人自身からも行き過ぎによる弊害がたびたび指摘され、いわゆるマクドナルド・コーヒー
  事件はその代表例として有名になった
1 特にニカラグア内戦でのコントラ支援は有名であり、1986 年にイラン・コントラ事件のスキャン
  ダルが発覚した
1 とくにケンタッキーダービーやブリーダーズカップ（BC）は有名である（詳しくはアメリカ合衆国
  の競馬を参照）
1 観光地としては、アルジェ（特にカスバなど）、ティムガッド遺跡、ティパサ遺跡、ジェミラ遺
  跡など古代ローマの遺跡観光、ガルダイアのムザブの谷などが有名である
```

それでは、リスト10.2を詳しく見ていきましょう。

search_annotation関数で、文を2000件呼び出しています（❶）。name_sにsentenceを（❷）設定することで、条件を設けずに文を呼び出します。

それぞれの文のtokenをdatastoreから呼び出し（❸）、sentences変数に格納します（❹）。それから、ruleclassifierで作成したルールをget_rules関数で取得します（❺）。

❻で、convert_into_features_using_rules関数で呼び出した2000文と、個別ルールruleを用いて、個別ルールの判定結果をfeatures変数に格納します。そして、classify関数でその判定結果を組み合わせて、最終的なテキスト分類の結果を判定します（❼）。

最後に、カテゴリ1と判定された文だけを画面に表示します（❽）。

結果の精度を上げる

さて、上記の出力結果を見てみると、2000文中数文しか発見できていません。しかも、3番目と4番目の文については誤った分類をしてしまっています。これでは精度が十分とはいえませんね。なぜこのようなことになったのかというと、リスト10.1に個別ルールを3つしか実装していないため、精度が十分なものになっていないからだと考えられます。

より複雑なルールを実装していく場合は、リスト10.2を変更する必要はありません。リスト10.1に個別ルールを追加し、get_rule関数とmeibutu_rule関数を変更していくことになります。ぜひ自分でルールを工夫し、追加してみましょう。より複雑なルールを実装

することで、より精度の高いルールベースの分類器を作成することが可能です。また、ルールの組み合わせが簡単なうちは、細かい修正が容易に行えます。

しかし一方で、ルールをどんどん追加し、組み合わせが複雑になってくると、名物ではない文も誤って名物と分類してしまったり、それまで名物に関する文として正しく分類できていたものが取れなくなったりしてきます。複雑なルールを作成することは難しく、コツが必要です。またルールの組み合わせが複雑になると、微調整するのも難しくなります。

そこで、ある程度の質のものをパパッと作りたいときなどには、次節で説明する「教師あり学習を用いる手法」が役立ちます。

10.5 教師あり学習によるテキスト分類

ここまでは手作業でルールベースの分類器を作ってきましたが、ここからは機械学習を用いて分類器を作成してみましょう。ここでは、**教師あり学習**という手法を用いてみます。

教師あり学習とは

教師あり学習は、あらかじめ手作業で学習データを作成し、その学習データからテキスト分類の規則を自動で生成する機械学習の方法です。

他にも、機械学習には**教師なし学習**という手法もあります。教師なし学習では、学習データなしで機械学習のアルゴリズムを実行します。第7章で説明したLDAは、教師なし学習の一つです。

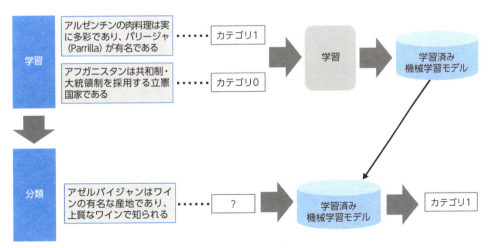

図10.7 教師あり学習

図10.7に、教師あり学習の概要を示しました。

　教師あり学習には、**学習フェーズ**と、学習した結果を使って分類するフェーズ（**分類フェーズ**）があります。学習フェーズでは、学習データから分類の規則性を自動で抽出し、学習モデルを作ります。この学習モデルの中に、自動で学習された規則性が表現されています。学習データには、それぞれのテキストに対して、人ならどう分類するかの見本がたくさん入っています。続いて、分類フェーズでは、学習モデルを使ってテキスト分類を実行します。

　図10.8に教師あり学習を用いたテキスト分類の概要を示します。

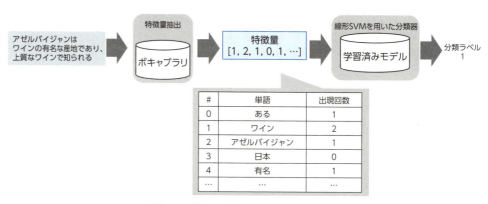

図10.8　教師あり学習によるテキスト分類

　まずテキストから特徴量を抽出し、ベクトルにします。特徴量抽出の方法にはいろいろありますが、本章では**Bag-of-Words(BoW)特徴量**を使います。Bag-of-Words特徴量では、ベクトルの各次元はある特定の単語を表し、ベクトルの値はその単語の出現回数を表します。これにより、どのような単語がテキストに含まれていたかを表現できます。語順や係り受けの情報は失われてしまいますが、それでもさまざまな場面で十分に機能するということが知られている、非常に有名な方法です。

　続いて、機械学習手法を使って分類を行います。本章では**線形SVM**（Support Vector Machine）という機械学習手法を用います。線形SVMの概念を図10.9に示します。

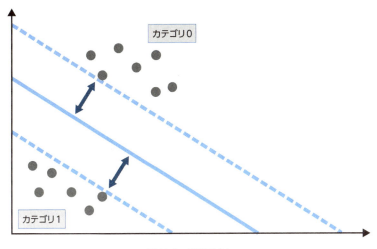

図10.9 線形SVM

　今、分類したいテキストは、特徴量抽出によりベクトルになっています。つまり、図の点一つ一つはテキストを表しています。図は簡略化のために二次元空間としていますが、実際は多次元空間になります。線形SVMは、このデータ群を直線で、カテゴリ0とカテゴリ1に分割します。このとき、それぞれのカテゴリの直線に最も近いデータからの距離が最大になるように直線を決定します。これにより間違った分類が少なくなるようにします。

　数学的に厳密な説明は省略しますが、この直線を決定するというのは、特徴量の各次元の重み（重要度）を調整することと同じになります。Bag-of-Words特徴量を使うとき、これは「分類を行うにあたっての各単語の重要度」であると解釈できます。この重要度は、「有名」という単語が含まれていると、どのくらい名物に関して書かれているテキストである可能性が高いかを表します。学習モデルにはこの「単語の重要度」が格納されていると考えると、わかりやすいでしょう。

　この自動で学習した学習モデルを用いることで、テキストを分類します。教師あり学習では、学習データを使って正解のカテゴリを出力できるように単語の重要度を自動で調整するため、手作業で規則を書くことなく、テキスト分類を行うことができます。

　ここで、テキスト分類に教師あり学習を適用する際に気を付けなければならないことがあります。同じテキストであれば常に同じ特徴量になるように、「どの次元がどの単語を表すのか」という対応を記録しておく必要があります。この対応表を**ボキャブラリ**と呼びます。学習の際も分類の際も、テキストから特徴量を抽出するときには必ず同じボキャブラリを使うことが重要です。

学習データの作成

それでは実際に教師あり学習を実装してみましょう。

まずは手作業で学習データを作成します。テキスト分類における学習データとは、それぞれのテキストに対して人が正解と考える分類のカテゴリをひも付けたものです。ここでは、「名物について書かれた文」であればカテゴリ「1」と、そうでなければカテゴリ「0」とすることにします。

表10.1 本節で使うカテゴリ

カテゴリのラベル	説明
1	その国の名物について書かれている文である
0	その国の名物について書かれている文ではない

また、ここで使う「学習データの例」を以下に示します。

> アゼルバイジャンはワインの有名な産地であり、コーカサス有数の上質なワインで知られる --> 名物について書かれた文である ＝ カテゴリ「1」
> アルメニアをまたいで西南方に飛地のナヒチェヴァン自治共和国があり、アルメニア、イランおよびトルコと接している --> 名物について書かれた文ではない ＝ カテゴリ「0」

機械学習でテキスト分類を行うにあたっては、

1. 分類器の学習
2. 分類器の評価

というのが基本的な流れです。1.の「分類器の学習」の段階で、学習データを使って学習モデルを作成します。そのあと、生成した学習モデルがどのくらいうまく分類できるかを評価します。自然言語処理では、完璧に正しい分類ができるようにはまずなりません。そのため、できあがった分類器を使う前には、どの程度うまくいくのかを評価することが必要になってきます。この評価の際にも、正解のカテゴリがひも付けられたデータが必要です。正解のカテゴリがひも付けられたデータを使い、人が付けた正解のカテゴリと、学習モデルが出力したカテゴリがどのくらい一致しているかを調べます。

そこで通常は、正解のカテゴリがひも付けられたデータを分割し、分類器の学習用と評価用に分けます。分類器の学習と評価で同じデータを使うことは望ましくありません。なぜなら、新しい（未知の）テキストに対しても自動で分類ができる分類器を作りたいからです。学習と評価で同じデータを使うと、いわばカンニングをしているようなもので、分類器の本来の能力を正しく評価できなくなります。

では、実際に学習データを作成していきましょう。「『肉』『魚』『茶』など14語のいずれかを含む」文を検索で取得することで学習データの元となるデータを作成し、それを手作業で修正していくという手順を採ります。

リスト10.3が、学習の元となるデータを出力するプログラムです。第9章で作成した文単位でキーワード検索するプログラム（リスト9.5）を少し変更してプログラムを作成します。

リスト10.3 src/sample_10_03.py

```
import solrindexer     as indexer
import sqlitedatastore as datastore

# ラベル付与用データの作成
if __name__ == '__main__':
    datastore.connect()
    print('#label', 'doc_id', 'sentence_id', 'text')

    results = indexer.search_annotation(
            fl_keyword_pairs=[
                ('sentence_txt_ja', [[
                    '肉', '魚', '茶', '塩', '野菜', '油', '森林',
                    '砂漠', '草原', '海', '木材', '果樹', '麦', '米',
                    ]]),
                ('name_s', [['sentence']]),
                ], rows=1000)
    for r in results['response']['docs']:
        text = datastore.get(r['doc_id_i'], ['content'])['content']
        sent = datastore.get_annotation(r['doc_id_i'], 'sentence')[
            r['anno_id_i']]
        # ラベルファイルのデータ構造へ変換
        print(0, r['doc_id_i'], r['anno_id_i'], text[sent['begin']:sent
            ['end']])  ← ❸
    datastore.close()
```

仮のカテゴリとして、すべてのデータにカテゴリ0を付与しておきます（❶）。一文一文目視で確認し、出力されたデータのうち正解である文のカテゴリを0から1に変更すると、正解データが作成できます。

コマンドラインから実行しましょう。

```
$ python3 src/sample_10_03.py > result/labels.txt
```

次のようなファイル（**result/labels.txt**）が作成されます。

```
#label  doc_id  sentence_id  text
0  3  379  アメリカ合衆国は元々先住民族であるネイティブ・アメリカンが住んでいた土地に、16世
紀からはヨーロッパからの植民者が、17～19世紀には奴隷貿易によりアフリカからの黒人奴隷が、
19世紀からはアジアからの移民が入って来て、さらに人種間で混血が起ったため、「人種のるつぼ」
と呼ばれてきたが、実際には異人種が融け合って生活する社会が形成されるよりも、「ゲットー」と
称されるアフリカ系アメリカ人居住地域やチャイナタウンが代表するように、むしろ人種による住
み分けが起きていることから、近年ではアメリカ合衆国を色々な野菜が入ったサラダに例えて「人
種のサラダボウル」と呼ぶことが多くなった
0  3  492  現在、1%から2.8%のアメリカ人が肉、家禽、魚を全く食べないと回答している［106］［107］
［108］［109］
0  4  148  デーツなどを栽培する在来のオアシス農業のほかに、海水を淡水化して大規模な灌漑農業
をおこなっており、野菜類の自給率は80%に達している［13］
0  6  297  海中には多くの魚が住み、炭化水素エネルギー資源を保有していると予想されている
0  6  459  最終的にインディヘナの伝統的な文化（マテ茶の回し飲みなど）はこの文化的領域に吸収
された
0  6  486  マテ茶
0  6  487  あまり日本では知られていないが、冷凍船の発明・普及とともに世界的な大畜産国として
発展の基礎を築いただけあって、肉料理などを中心に充実した食文化の歴史がある
0  6  490  魚は、大きなスーパーや中国人街以外ではメルルーサ（タラ）かサケくらいしか売ってい
ないが、イグアスの滝に近い北部の亜熱帯地方ではスルビ（ナマズの一種）、クージョのアンデス山
脈付近ではトゥルーチャ（マス）など、川魚を食べる地方もある
0  6  491  アルゼンチンの主菜である肉料理は実に多彩であり、特にアサード、ビフェ・デ・チョリ
ソ（サーロインステーキ）、チョリソや臓物も含んだ焼肉の盛り合わせであるパリージャ（Parrilla）
が有名である
0  6  493  アルゼンチンには肉料理が多いことから、それと相性がよいとされる赤ワインが特に多く、
品質も優れている
...
```

ファイルの読み方を説明します。1つの行が1つのデータを表しており、1列目がカテゴリ、2列目が文書ID、3列目が文ID、4列目に文のテキストが書かれています。この段階では、すべてのデータのカテゴリに仮の値として"0"が付けられています。

このファイルをもとに学習データを作成しましょう。まずこのファイルをdataディレクトリにコピーして、data/labels.txtとしておきます。コピーしたファイルを開き、テキストの中身を確認しながら手作業でカテゴリを修正していきます。例えば、以下のようにカテゴリを"0"から"1"に修正してください。ここでは、文書ID 4、文ID 148の文と、文書ID 6、文ID 487、490、491、493の文のカテゴリを"1"としています。

```
0  3  379  アメリカ合衆国は元々先住民族であるネイティブ・アメリカンが住んでいた土地に、16世
紀からはヨーロッパからの植民者が、17～19世紀には奴隷貿易によりアフリカからの黒人奴隷が、
19世紀からはアジアからの移民が入って来て、さらに人種間で混血が起ったため、「人種のるつぼ」
と呼ばれてきたが、実際には異人種が融け合って生活する社会が形成されるよりも、「ゲットー」と
称されるアフリカ系アメリカ人居住地域やチャイナタウンが代表するように、むしろ人種による住
み分けが起きていることから、近年ではアメリカ合衆国を色々な野菜が入ったサラダに例えて「人
種のサラダボウル」と呼ぶことが多くなった
```

```
0 3 492 現在、1% から 2.8% のアメリカ人が肉、家禽、魚を全く食べないと回答している［106］［107］
［108］［109］
1 4 148 デーツなどを栽培する在来のオアシス農業のほかに、海水を淡水化して大規模な灌漑農業
をおこなっており、野菜類の自給率は 80% に達している［13］
0 6 297 海中には多くの魚が住み、炭化水素エネルギー資源を保有していると予想されている
0 6 459 最終的にインディヘナの伝統的な文化（マテ茶の回し飲みなど）はこの文化的領域に吸収
された
0 6 486 マテ茶
1 6 487 あまり日本では知られていないが、冷凍船の発明・普及とともに世界的な大畜産国として
発展の基礎を築いただけあって、肉料理などを中心に充実した食文化の歴史がある
1 6 490 魚は、大きなスーパーや中国人街以外ではメルルーサ（タラ）かサケくらいしか売ってい
ないが、イグアスの滝に近い北部の亜熱帯地方ではスルビ（ナマズの一種）、クージョのアンデス山
脈付近ではトゥルーチャ（マス）など、川魚を食べる地方もある
1 6 491 アルゼンチンの主菜である肉料理は実に多彩であり、特にアサード、ビフェ・デ・チョリ
ソ（サーロインステーキ）、チョリソや臓物も含んだ焼肉の盛り合わせであるパリージャ（Parrilla）
が有名である
1 6 493 アルゼンチンには肉料理が多いことから、それと相性がよいとされる赤ワインが特に多く、
品質も優れている
...
```

学習

　src/mlclassifier.pyを新規に作成します（リスト10.4）。テキストから特徴量を抽出するconvert_into_features(_using_vocab)関数と分類を実行するclassify関数を作成します。加えて、学習を行うtrain関数も作成します。

リスト10.4　src/mlclassifier.py

```
from sklearn                         import svm
from sklearn.feature_extraction.text import CountVectorizer

def vectorize(contents, vocab=None):    ❸
    vectorizer = CountVectorizer(analyzer='word', vocabulary=vocab)
    vecs = vectorizer.fit_transform(contents)
    vocab = vectorizer.vocabulary_
    return vecs, vocab

def convert_into_features_using_vocab(sentences, vocab):    ❷
    features, _ = convert_into_features(sentences, vocab)
    return features

def convert_into_features(sentences, vocab=None):    ❶
    contents = []
    for doc_id, sent, tokens in sentences:
        lemmas = [token['lemma'] for token in tokens if token['POS'] in
                  ['名詞', '動詞']]
        content = ' '.join(lemmas)
```

```
        contents.append(content)
    features, vocab = vectorize(contents, vocab=vocab)
    return features, vocab

def train(labels, features):    ←——❹
    model = svm.LinearSVC()
    model.fit(features, labels)
    return model

def classify(features, model):    ←——❺
    predicts = model.predict(features)
    return predicts
```

リスト10.4の中身を見ていきましょう。

`convert_into_features`関数がテキストから特徴量を抽出する関数です（❶）。あとでgensimの`CountVectorirzer`を使うため、文をいったん、単語の原型を半角スペースで連結した文字列に変換しています。この関数では、入力されたテキストに含まれるすべての単語をもとにしたボキャブラリを、自動で作成します。

`convert_into_features_using_vocab`関数はボキャブラリを引数に取ります（❷）。これは本章で説明したとおり、学習の際も分類の際も必ず同じボキャブラリを使う必要があるためです。学習の際に`convert_into_features`関数で自動でボキャブラリを作成した場合は、分類の際に`convert_into_features_using_vocab`関数の引数でそのボキャブラリを指定するようにします。

`vectorize`関数でBoW形式の特徴量に変換します（❸）。gensimの`CountVectorizer`を`analyzer='word'`で実行することで、半角スペースを単語区切りとみなしたBoWベクトルを作成できます。

`train`関数は指定されたデータによりモデルの学習を実行します（❹）。ここではモデルには線形SVMを採用し、パラメーターは指定せずデフォルト値のままで用いています。実際の場面では、モデルの種類やパラメーターを何種類か試し、最も高い精度が出るものを採用するのがよいでしょう。

`classify`関数は、入力された学習済みモデルを用いて入力された特徴量に対して分類結果を返します（❺）。

続いてリスト10.5に、作成した正解データを読み込んでモデルを学習するプログラムを示します。

リスト10.5　src/sample_10_05.py

```python
import time

from sklearn.externals import joblib

import mlclassifier
import sqlitedatastore as datastore
from annoutil import find_xs_in_y

if __name__ == '__main__':
    datastore.connect()
    # ラベル付きデータ読み込み
    sentences = []
    labels = []
    with open('./data/labels.txt') as f:
        for line in f:
            if line.startswith('#'):
                continue
            d = line.rstrip().split()
            label, doc_id, sent_id = int(d[0]), d[1], int(d[2])
            sent = datastore.get_annotation(doc_id, 'sentence')[sent_id]
            tokens = find_xs_in_y(
                datastore.get_annotation(doc_id, 'token'), sent)
            sentences.append((doc_id, sent, tokens))
            labels.append(label)

    # 学習データ特徴量生成
    num_train = int(len(sentences) * 0.8)
    sentences_train = sentences[:num_train]
    labels_train = labels[:num_train]
    features, vocab = mlclassifier.convert_into_features(sentences_train)

    # 学習
    time_s = time.time()
    print(':::TRAIN START')
    model = mlclassifier.train(labels_train, features)
    print(':::TRAIN FINISHED', time.time() - time_s)

    # 学習モデルをファイルに保存
    joblib.dump(model, 'result/model.pkl')
    joblib.dump(vocab, 'result/vocab.pkl')

    # 分類の実行
    features_test = mlclassifier.convert_into_features_using_vocab(
        sentences[num_train:], vocab)    ❷
    predicteds = mlclassifier.classify(features_test, model)    ❸
    for predicted, (doc_id, sent, tokens), label in zip(
            predicteds,
            sentences[num_train:],
```

❶

```
            labels[num_train:]):
    # 結果の確認
    text = datastore.get(doc_id, ['content'])['content']   ←┐
    if predicted == label:                                  │
        print('correct    ', ' ', label, predicted,         │
            text[sent['begin']:sent['end']])                ├─ ❹
    else:                                                   │
        print('incorrect', ' ', label, predicted,           │
            text[sent['begin']:sent['end']])   ←────────────┘
datastore.close()
```

リスト10.5の中身を見ていきましょう。

正解データを読み込んで、冒頭の8割を学習用データとし（❶）、残りを評価用データとしています（❷）。

まず学習用データを特徴量に変換し、学習を行ってモデルを作成します（❶）。そして、評価用データ一件一件を、学習時に作成されたボキャブラリを用いてベクトル化し（❷）、学習済みモデルを用いて分類を行います（❸）。

そして、最後に分類結果を画面に表示しています（❹）。同時に、正解データの正解ラベルと比較して、分類結果が正しいか否かも表示しています。

コマンドラインから実行して、出力を確認してみましょう。学習には時間がかかるので、コマンド実行後はしばらく待機します。

```
$ python3 src/sample_10_05.py
:::TRAIN START
:::TRAIN FINISHED 0.005019187927246094
correct      1 1 シエラの料理で代表的なものは豚肉のフリターダや羊肉のセコ・デ・チーボ、スープのロクロなどの名が挙げられる
correct      1 1 エチオピアの主流の文化であるアムハラ文化において、主食はテフなどの穀粉を水で溶いて発酵させ大きなクレープ状に焼いたインジェラであり、代表的な料理としてはワット、クックル（エチオピア風スープ）、トゥプス（焼肉・炒め肉・干し肉）などがある
correct      0 0 バサーストに始まったゴールドラッシュの開拓者に食わせる肉が必要だった
correct      0 0 アボリジニの伝説によると、氷河期の終焉は早く（あっという間に訪れた）、海面の上昇（陸地の失現）とともに、魚が天から降って来た、津波があったと伝えられている
incorrect    0 1 なお、羊が重宝されたのは羊毛に関してだけでなく、まだ冷凍船がなかった頃、肉類の中で羊肉が長持ちしたためである
correct      1 1 先住民の伝統料理としてはカンガルー肉などのブッシュ・タッカーが知られている
correct      1 1 チューリップや野菜、チーズ等の乳製品で有名な農業分野は、非常に近代化されているが、国内経済に占める規模は21世紀の現在では数パーセントに過ぎない
incorrect    1 0 豚には2種あり、国内向けにはオランダ肉用豚が、輸出用にはベーコン、ハム用豚が飼育されている
correct      1 1 カーボベルデの料理は大概魚とトウモロコシと米のような主食を基礎としている
correct      1 1 野菜は1年の大半を通してジャガイモ、タマネギ、トマト、マニオク、キャベツ、ケール、乾燥豆が利用される
```

```
correct        0 0 イッセドネス人は故人の肉を食す民族であり、アリマスポイ人は一つ目の民族
であるという
...
```

リスト10.6で、学習済みモデルの中身の確認を行ってみます。モデルの_coefという変数に保存されている単語別の重みが保存されているので、ボキャブラリと照らし合わせて表示するようにしてみましょう。

リスト10.6 src/sample_10_06.py

```python
from sklearn.externals import joblib

if __name__ == '__main__':
    model = joblib.load('result/model.pkl')
    vocab = joblib.load('result/vocab.pkl')

    # 学習済モデルの確認
    for weight, word in sorted(zip(model.coef_[0], vocab), reverse=True):
        print('{0:f} {1:s}'.format(weight, word))
```

リスト10.6を実行すると、result/model.pklとresult/vocab.pklが読み込まれ、学習済みモデルにおける各単語の重みが表示されます。

```
$ python3 src/sample_10_06.py
0.571127 残る
0.557985 市場
0.449482 クレープ
0.440315 牧畜
0.413142 国民
0.382898 アメリカ
0.378109 知る
0.360130 先住民
0.324060 なる
0.308140 まで
0.307187 全体
0.304925 食事
...
-0.218005 衣料
-0.218772 ゲットー
-0.242816 分野
-0.245686 鉄道
-0.245686 輸入
-0.248922 発酵
-0.250302 現在
-0.258625 する
-0.276654 緑豆
-0.276654 全国
```

```
-0.311440  上回る
-0.426185  塩漬け
```

「重みの絶対値が大きい語」が、「名物について書かれた文かそれ以外か」という分類において重視された単語になります。ここでは、この「重み」が線形SVMによって自動的に調整されました。

人がこの単語の重要度を見ても、正しく学習できたかのかどうかよくわからないこともありますが、「Bag-of-Words特徴量と線形SVMを用いたときは、この単語の重みが学習データから自動的に学習される」と覚えておきましょう。どのくらい正しく学習できたかに関しては、評価用データをどのくらい正しく分類できたかで確認します。

10.6 ディープラーニングによるテキスト分類

ディープラーニングによる分類も試してみましょう。実は、これも前節と同様に教師あり学習です。本節の内容は正確には、「ディープラーニング技術を用いた教師あり学習によるテキスト分類」です。

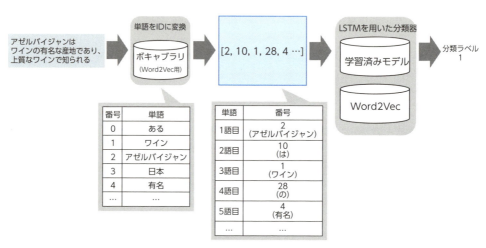

図10.10　ディープラーニングによるテキスト分類

図10.10にディープラーニングによるテキスト分類の概要を示します。先ほどすでに学習データを作成したので、ここではSVMを使った部分をディープラーニングで置き換えていくことになります。

SVMを用いたときと構図は似ていますが、異なる点もあるので注意が必要です。

まず、すべての単語にIDを割り振り、テキスト中の単語をIDに変換します。これは、単

語がIDに置き換わっているだけで本質的には同等です。そのため、普通はこれを特徴量とは呼びません。Bag-of-Words特徴量と一見似ていますが、語順も保持されており、情報としては元のテキストとほぼ同じと考えてよいでしょう。単語とIDの対応を取るためにボキャブラリが必要な点はSVMと同じです。

このID列に変換したものを、そのままディープラーニングの入力にしていきます。ID列に変換したものは本質的には元のテキストと同等であり、テキストの特徴を抽出していないので、ディープラーニングは特徴量抽出が不要といわれます。

本節では、**LSTM**（Long Short-Term Memory）と呼ばれるディープラーニングの手法を使います。LSTMは、モデル内部に記憶領域を持つことにより、自然言語のような長さが一定ではないデータを扱うのに適した手法となっています。例えば自然言語の場合では、単語を順番に入力しながら記憶領域を更新していくことで、語順まで考慮に入れたテキストの情報を保持することができます。（図10.11）。

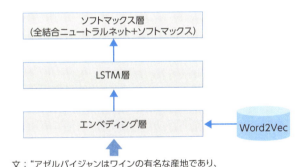

図10.11 LSTMの概念図

ディープラーニングに入力されたID列は、まず入り口で、実数値ベクトルの列に変換されます。この、単語を実数値ベクトル変換する操作は、**エンベディング**と呼ばれます。通常はベクトル変換に使われるパラメータも学習されますが、今回は学習データが少ないため、第8章で用いたWord2Vecのモデルを使ってエンベディングしていきます。

次に、そのベクトル列がLSTM層に入力されます。ここで、語順まで考慮に入れた、文の特徴を表すようなベクトルが作られます。

そして、このベクトルを入力とする全結合ニューラルネット層で処理され、この文の各カテゴリに対する実数値が出力されます。最後に、ソフトマックス関数でこの実数値の和が1になるように正規化すると、各カテゴリの確率になります。所属確率が最も大きいカテゴリが、分類結果になります。

ディープラーニングは、一般的にモデルを表すパラメーター数が多く、複雑なモデルと

考えられています。一般に、複雑なモデルは、さまざまなテキストの違いを表現できるため、高い精度を示すと考えられますが、一方で、複雑なモデルを学習するには、通常、より多くの学習データが必要になります。

 ## プログラムの作成

それではプログラムを作成していきましょう。

まずはライブラリをインストールしておきます。本書では **chainer** というライブラリを利用します。以下のコマンドを実行してください。なお、`python3.6`の部分は、インストールされているPythonのバージョンに応じて変更してください。

```
$ sudo chmod 777 /usr/local/lib/python3.6/dist-packages/__pycache__/
$ pip3 install chainer
$ git clone https://github.com/chainer/chainer.git
$ export PYTHONPATH=chainer/examples/text_classification/
```

いくつかの関数で`chainer`のサンプルプログラムを用います。そのため`git clone`してきた`chainer`のサンプルプログラムを`python`のスクリプト内から呼び出せるよう、`PYTHONPATH`にサンプルプログラムへのパスを設定します。

> **Memo**
> なお本書執筆時点では commit afa8178ac のソースコードを用いています。もし動作に違いがあれば、同一コミットのソースコードを使ってください。

`src/dlclassifier.py`を新規に作成し、`src/mlclassifier.py`と同様に`train`関数、`classify`関数と`convert_into_features_using_vocab`関数を作成します（リスト10.7）。

リスト10.7 src/dlclassifier.py

```
import chainer
import chainer.functions as F
import chainer.links as L
import numpy
from chainer import training
from chainer.training import extensions
import nets
from nlp_utils import convert_seq, transform_to_array

class Encoder(chainer.Chain):   ←──❶
    def __init__(self, w):
        super(Encoder, self).__init__()
        self.out_units = 300
        with self.init_scope():
```

```python
            self.embed = lambda x: F.embed_id(x, w)
            self.encoder = L.NStepLSTM(
                n_layers=1,
                in_size=300,
                out_size=self.out_units,
                dropout=0.5)

    def forward(self, xs):  ←──❷
        exs = nets.sequence_embed(self.embed, xs)
        last_h, last_c, ys = self.encoder(None, None, exs)
        return last_h[-1]


def train(labels, features, w):  ←──❸
    n_class = len(set(labels))
    print('# data: {0}'.format(len(features)))
    print('# class: {0}'.format(n_class))

    pairs = [(vec, numpy.array([cls], numpy.int32))
             for vec, cls in zip(features, labels)]
    train_iter = chainer.iterators.SerialIterator(pairs, batch_size=16)  ←──❹

    model = nets.TextClassifier(Encoder(w), n_class)  ←──❺

    optimizer = chainer.optimizers.Adam()  ←──❻
    optimizer.setup(model)
    optimizer.add_hook(chainer.optimizer.WeightDecay(1e-4))

    updater = training.updaters.StandardUpdater(
        train_iter, optimizer,
        converter=convert_seq)
    trainer = training.Trainer(updater, (8, 'epoch'), out='./result/dl')  ←──❼

    trainer.extend(extensions.LogReport())
    trainer.extend(extensions.PrintReport(
        ['epoch', 'main/loss', 'main/accuracy', 'elapsed_time']))  ←──❽

    trainer.run()
    return model


def classify(features, model):  ←──❿
    with chainer.using_config('train', False), chainer.no_backprop_mode():
        prob = model.predict(features, softmax=True)
    answers = model.xp.argmax(prob, axis=1)
    return answers


def convert_into_features_using_vocab(sentences, vocab):  ←──❾
    contents = []
```

```
    for doc_id, sent, tokens in sentences:
        features = [token['lemma'] for token in tokens]
        contents.append(features)

    features = transform_to_array(contents, vocab, with_label=False)
    return features
```

リスト10.7の中を見ていきましょう。

　利用するディープラーニングのモデルを`Encoder`クラスの形で設定します（❶）。`Encoder`クラスでは、単語のベクトルへの変換を行うWord2Vecのモデルと、学習するLSTMの形を設定しています。ここではレイヤー数を1としています。300は本書で用いているWord2Vecの次元数です。

　`forward`関数（❷）で単語のID列をWord2Vecのベクトル列のデータに変換し、LSTMにデータを渡します。

　`train`関数がモデルの学習を行う関数です（❸）。はじめに学習用データをchainerのiteratorの形にしておきます（❹）。次に、学習するモデルを、chainerのサンプルプログラムとして提供されている`TextClassifier`クラスを用いて設定します（❺）。二値分類であるためカテゴリ数には2を指定し、モデルには先ほどの`Encoder`クラスで設定したLSTMを指定します。そして、最適化手法にAdamという手法を選択し（❻）、学習を実行する`trainer`を作成します（❼）。

　加えて、学習の経過を確認できるように`LogReport`と`PrintReport`を設定して、最後に`trainer`を実行して学習を行います（❽）。

　`convert_into_features_using_vocab`関数では、Word2Vecをもとに作成したボキャブラリを用いて、単語を単語のIDに変換します（❾）。

　`classify`関数で分類を実行します（❿）。chainerの`predict`関数からは各カテゴリに対する確率値が返ってくるため、最も確率値の大きなカテゴリを分類結果として返します。

　リスト10.7を用いてモデルを学習するのが、リスト10.8のプログラムです。

リスト10.8　src/sample_10_08.py

```
import json

import chainer
import gensim
import numpy

import dlclassifier
import sqlitedatastore as datastore
from annoutil import find_xs_in_y
```

```python
def extract_w_and_vocab(model):
    w_ls = []
    vocab = {}
    for word in model.wv.index2word:
        vocab[word] = len(vocab)
        w_ls.append(model[word])
    for word in ['<eos>', '<unk>']:  # ←❸
        vocab[word] = len(vocab)
        w_ls.append(2 * numpy.random.rand(300) - 1)
    return numpy.array(w_ls).astype(numpy.float32), vocab


if __name__ == '__main__':
    datastore.connect()
    w2v_model = gensim.models.Word2Vec.load('./data/ja.bin')  # ←❶
    w, vocab = extract_w_and_vocab(w2v_model)  # ←❷

    # ラベル付きデータ読み込み
    sentences = []
    labels = []
    with open('./data/labels.txt') as f:
        for line in f:
            if line.startswith('#'):
                continue
            d = line.rstrip().split()
            label, doc_id, sent_id = int(d[0]), d[1], int(d[2])
            sent = datastore.get_annotation(doc_id, 'sentence')[sent_id]
            tokens = find_xs_in_y(
                datastore.get_annotation(doc_id, 'token'), sent)
            sentences.append((doc_id, sent, tokens))
            labels.append(label)

    num_train = int(len(sentences) * 0.8)
    sentences_train = sentences[:num_train]
    labels_train = labels[:num_train]
    features = dlclassifier.convert_into_features_using_vocab(sentences_train, vocab)

    # 学習
    model = dlclassifier.train(labels_train, features, w)

    # 学習モデルをファイルに保存
    chainer.serializers.save_npz('result/model_dl.npz', model)
    numpy.save('result/w_dl.npy', w)
    with open('result/vocab_dl.json', 'w') as f:
        json.dump(vocab, f)

    # 分類の実行
    features_test = dlclassifier.convert_into_features_using_vocab(
```

```
            sentences[num_train:], vocab)
    predicteds = dlclassifier.classify(features_test, model)
    for predicted, (doc_id, sent, tokens), label in zip(
            predicteds,
            sentences[num_train:],
            labels[num_train:]):
        # 結果の確認
        text = datastore.get(doc_id, ['content'])['content']
        if predicted == label:
            print('correct  ', ' ', label, predicted,
                    text[sent['begin']:sent['end']])
        else:
            print('incorrect', ' ', label, predicted,
                    text[sent['begin']:sent['end']])
    datastore.close()
```

　リスト10.8では、冒頭でWord2Vecをgensimライブラリを使って読み込んでいます（❶）。

　そのあと、chainerで扱いやすいように`w`と`vocab`に分割しています（❷）。`w`は、それぞれの単語のIDに対応する単語のベクトル表現を集めた行列形式のデータです。`w`の各行が単語の番号に対応します。`vocab`は単語の文字列から単語のIDを取得するための`dict`型のデータです。

　加えて、`extract_w_and_vocab`関数内では、文末を表す記号`<eos>`と未知語を表す記号`<unk>`に対して、ランダムに初期化したベクトルを設定しています（❸）。

　その他の部分は`mlclassifier`を用いたリスト10.7と同様です。

　それでは、コマンドラインで実行して、出力を確認してみましょう。学習中には途中経過として、学習データにおけるロスおよび精度と、経過時間が表示されます。ロスは、正解データと推定結果との差を表す値です。正しく学習が進んでいるとロスは下がっていきます。学習が完了すると、学習したモデルによるテキストの分類結果と、正解データと分類が合っているか否かが表示されます。

```
$ python3 src/sample_10_08.py
# data: 800
# class: 2
epoch       main/loss    main/accuracy    elapsed_time
1           0.331976     0.76             4.70278
2           0.230842     0.95             9.00877
3           0.19957      0.95             13.6608
4           0.154841     0.95             17.9059
5           0.135911     0.96             22.2602
```

```
correct      １１ シエラの料理で代表的なものは豚肉のフリタータや羊肉のセコ・デ・チーボ、スー
プのロクロなどの名が挙げられる
correct      １１ エチオピアの主流の文化であるアムハラ文化において、主食はテフなどの穀粉
を水で溶いて発酵させ大きなクレープ状に焼いたインジェラであり、代表的な料理としてはワット、
クックル（エチオピア風スープ）、トゥプス（焼肉・炒め肉・干し肉）などがある
correct      ００ バサーストに始まったゴールドラッシュの開拓者に食わせる肉が必要だった
correct      ００ アボリジニの伝説によると、氷河期の終焉は早く（あっという間に訪れた）、海
面の上昇（陸地の失現）とともに、魚が天から降って来た、津波があったと伝えられている
incorrect    ０１ なお、羊が重宝されたのは羊毛に関してだけでなく、まだ冷凍船がなかった頃、
肉類の中で羊肉が長持ちしたためである
incorrect    １０ 先住民の伝統料理としてはカンガルー肉などのブッシュ・タッカーが知られて
いる
...
```

> **Memo**
> 今回用いたWord2Vecのモデルでは、かなりの割合の語が未知語として扱われてしまっています。詳細は割愛しますが、これはダウンロードしたWord2Vecモデルの学習時の単語分割の方法が、本書で行った単語分割の方法と異なるためです。気になる方は、下記からダウンロードできる別のWord2Vecのモデルを使ってみましょう。
>
> **URL** http://www.cl.ecei.tohoku.ac.jp/~m-suzuki/jawiki_vector/
>
> Word2Vecのバイナリファイルを読み込む部分を下記のように変更することで、これまでと同様に使うことができます。
>
> （変更前）model = gensim.models.Word2Vec.load('./data/ja.bin')
>
> （変更後）model = gensim.models.KeyedVectors.load_word2vec_format(¥
>   './data/entity_vector.model.bin', binary=True)

10.7 分類結果のWebアプリケーションでの表示

それでは最後に、学習したモデルを用いてWebアプリを作成しましょう。第9章で作成した検索アプリを改造して、検索結果を分類して表示するアプリを作成します。

リスト10.9がサーバーサイドのプログラムです。

リスト10.9　src/sample_10_09.py

```python
import json

import bottle
import chainer
import nets
import numpy
from sklearn.externals import joblib
```

```python
import dlclassifier
import mlclassifier
import ruleclassifier
import solrindexer     as indexer
import sqlitedatastore as datastore
from annoutil import find_xs_in_y

# ルールによるテキスト分類の設定
rule = ruleclassifier.get_rule()

# 教師あり学習によるテキスト分類の設定
model_ml = joblib.load('result/model.pkl')
vocab_ml = joblib.load('result/vocab.pkl')

# ディープラーニングによるテキスト分類の設定
w = numpy.load('result/w_dl.npy')
encoder = dlclassifier.Encoder(w)
model_dl = nets.TextClassifier(encoder, n_class=2)
chainer.serializers.load_npz('result/model_dl.npz', model_dl)
with open('result/vocab_dl.json') as f:
    vocab_dl = json.load(f)


@bottle.route('/')
def index_html():
    return bottle.static_file('sample_10_10.html', root='./src/static')


@bottle.route('/file/<filename:path>')
def static(filename):
    return bottle.static_file(filename, root='./src/static')


@bottle.get('/get')
def get():
    keywords = bottle.request.params.keywords.split()
    classifier_name = bottle.request.params.classifier

    results = indexer.search_annotation(
        fl_keyword_pairs=[
            ('sentence_txt_ja', [keywords]),
            ('name_s',          [['sentence']])
        ], rows=1000)

    for r in results['response']['docs']:
        sent = datastore.get_annotation(r['doc_id_i'], 'sentence')[
            r['anno_id_i']]
        tokens = find_xs_in_y(datastore.get_annotation(
            r['doc_id_i'], 'token'), sent)
```

```
            if classifier_name == 'ml':
                features = mlclassifier.convert_into_features_using_vocab(
                    [(r['doc_id_i'], sent, tokens)], vocab_ml)
                predicteds = mlclassifier.classify(features, model_ml)
            elif classifier_name == 'dl':
                features = dlclassifier.convert_into_features_using_vocab(
                    [(r['doc_id_i'], sent, tokens)], vocab_dl)
                predicteds = dlclassifier.classify(features, model_dl)
            elif classifier_name == 'rule':
                features = ruleclassifier.convert_into_features_using_rules(
                    [(r['doc_id_i'], sent, tokens)], rule)
                predicteds = ruleclassifier.classify(features, rule)

            r['predicted'] = int(predicteds[0])  # covert from numpy.int to int
            print(r['predicted'], r['sentence_txt_ja'])

    return json.dumps(results, ensure_ascii=False)


if __name__ == '__main__':
    datastore.connect()
    bottle.run(host='0.0.0.0', port='8702')
    datastore.close()
```

リスト10.9では、ユーザーがアプリ上でどの手法を選択したかによって、ルール、機械学習、ディープラーニングを切り替え可能としています。

コマンドラインで実際に動かしてみましょう。

```
$ python3 src/sample_10_09.py
```

Webブラウザーで URL http://localhost:8702/get?keywords=麦&classifier=mlにアクセスしてみてください。「麦」をクエリとして実行した結果が表示されていれば成功です。

次に**src/static/sample_10_10.html**（リスト10.10）と**src/static/sample_10_11.js**（**リスト10.11**）を作成します。これらは第9章のプログラム（リスト9.10、リスト9.11）に、手法を選択する変数**classifier**を追加し、表示するデータを変更しているだけです。ただし、Vue.jsの条件分岐**v-if**を用いて、推定結果のカテゴリが"**1**"であるものだけを画面に表示するようにしています。これにより、名物について書かれている文だけが表示されます。

リスト10.10　src/static/sample_10_10.html

```html
<div id="main">
  keywords: <input type="text" v-model="keywords"/><br/>
  classifier:
  <input type="radio" id="ml" value="ml" v-model="classifier">
  <label for="ml"> 教師あり学習（SVM）</label>
  <input type="radio" id="dl" value="dl" v-model="classifier">
  <label for="dl"> ディープラーニング </label>
  <input type="radio" id="rule" value="rule" v-model="classifier">
  <label for="rule"> ルールベース </label>
  <br/>
  <button v-on:click="run">Search</button><br/>
  {{ result.numFound }} <br/>
  <table border=1 style="border-collapse: collapse">
    <tr v-for="(row, _) in result.docs" v-if="row.predicted==1">
      <td>{{ row.doc_id_i }}</td>
      <td>{{ row.title_txt_ja }}</td>
      <td>{{ row.sentence_txt_ja }}</td>
    </tr>
  </table>
</div>
<br/>

<script src="https://unpkg.com/vue"></script>
<script src="https://cdn.jsdelivr.net/npm/vue-resource@1.3.4"></script>
<script src="/file/sample_10_11.js"></script>
```

リスト10.11　src/static/sample_10_11.js

```javascript
var main = new Vue({
    el: '#main',
    data: {
        classifier: 'ml',
        keywords:   '麦',
        result:     {},
    },
    methods: {
        run: function() {
            this.$http.get(
                '/get',
                {"params": {
                    'keywords':   this.keywords,
                    'classifier': this.classifier,
                }},
            ).then(response => {
                console.log(response.body);
                this.result = response.body.response;
            }, response => {
```

```
            console.log("NG");
            console.log(response.body);
        });
      },
    }
});
```

WebブラウザーでURL http://localhost:8702にアクセスすると、図10.12のようなWebページが表示されます。

［Search］ボタンをクリックすると、その下に検索結果の件数が表示されます。また、検索結果のうち、テキスト分類によって名物について書かれた文であると分類された文が表示されます。分類がよくできていれば、「麦」が名物である国の情報が表示できているはずです。

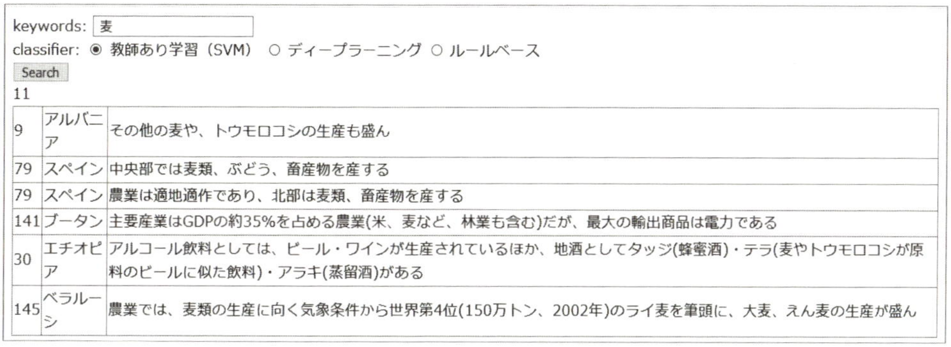

keywords: 麦		
classifier: ◉ 教師あり学習（SVM）　○ ディープラーニング　○ ルールベース		
Search		
11		
9	アルバニア	その他の麦や、トウモロコシの生産も盛ん
79	スペイン	中央部では麦類、ぶどう、畜産物を産する
79	スペイン	農業は適地適作であり、北部は麦類、畜産物を産する
141	ブータン	主要産業はGDPの約35％を占める農業(米、麦など、林業も含む)だが、最大の輸出商品は電力である
30	エチオピア	アルコール飲料としては、ビール・ワインが生産されているほか、地酒としてタッジ(蜂蜜酒)・テラ(麦やトウモロコシが原料のビールに似た飲料)・アラキ(蒸留酒)がある
145	ベラルーシ	農業では、麦類の生産に向く気象条件から世界第4位(150万トン、2002年)のライ麦を筆頭に、大麦、えん麦の生産が盛ん

図10.12　名物を検索するWebアプリケーション

なお、本章では「検索のあとにテキスト分類を行う」という方法で機能を実現しました。別の方法としては、データベースおよび検索エンジンに、テキスト分類の結果をアノテーションとしてあらかじめ書き込んでおく方法があります。テキスト分類の結果をアノテーションとしてデータベースに書き込む方法は、第5章の実装方法が参考になるはずです。一方、検索エンジンに書き込んで、Webアプリケーションから呼び出す方法は、第9章の方法が参考になるでしょう。アノテーションにしてデータベースに書き込んでおくことで、テキスト分類の結果を別の自然言語処理のときに再利用できるという利点があります。余裕があれば、テキスト分類の結果をアノテーションとしてデータベースと検索エンジンに登録するプログラムを書いて、実行してみましょう。

第11章

評判分析をしよう

> **Theme**
> - 辞書を用いた特徴量抽出
> - TRIEを用いた辞書内語句マッチ
> - 教師あり学習による評判分析
> - 評判分析の結果を表示するWebアプリケーション

11.1 評判分析とは？

　本章では、テキストに対する**評判分析**（Sentiment Analysis）を行います。評判分析とは、テキストの中にポジティブな印象が込められているか、ネガティブな印象が込められているかを分析する技術です。自然言語処理においては、テキスト分類の応用として捉えられることが多い技術です。

　例えば、「日本は治安が良い」という文には、ポジティブな印象が込められています。一方、「日本は経済的に低迷している」という文には、ネガティブな印象が込められています。もちろん、ポジティブでもネガティブでもない文（「日本の首都は東京である」など）もたくさんあることでしょう。これらの文章を

```
日本は治安が良い          --> ポジティブ
日本は経済的に低迷している --> ネガティブ
日本の首都は東京である    --> どちらでもない
```

というようにテキスト分類をすることができれば、ある文書中にどの程度、ポジティブな記述があるか、もしくはネガティブな記述があるかを分析することができるようになります。

　第10章と同様の方法でテキスト分類をすることもできるでしょう。しかし、冒頭の例文を考えると、「良い」「素敵」のようなポジティブな表現についてや、「悪い」「低迷」のようなネガティブな表現についての語のリストがあると、簡単に分類できそうだと考えられます。

　自然言語処理においては、このような特定の用途に使われる語のリストを**辞書**と呼びます。また、上記のようなポジティブな表現とネガティブな表現を集めた辞書を、**極性辞書**

と呼んでいます。本章では、評判分析におけるテキスト分類の際に極性辞書を活用します。そして、極性辞書の使い方を通じて、自然言語処理における辞書の使用方法を学びます。

最終的に、極性辞書を用いて評判分析した結果を図11.1のようなWebアプリケーションで表示できるようにするのが本章のゴールです。

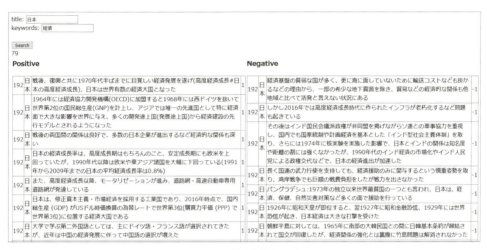

図11.1　評判情報検索アプリ

このWebアプリケーションでは、［title］欄に記事のタイトル、［keywords］欄にキーワードを入力して［Search］ボタンを押すと、指定したタイトルの記事内で、そのキーワードが含まれる文を検索します。続いて、その検索結果に対して評判分析が実行され、それぞれの文が「ポジティブなもの」「ネガティブなもの」「どちらでもないもの」のいずれかに判定され、ポジティブと判定された文を左列に、ネガティブと判定された文を右列に表示します。これにより、ひと目で評判情報を把握することができる便利な機能を提供します。

11.2　評判分析技術の用途

評判分析技術は、自然言語処理の中でも実用が進んでいる技術です。ニュースなどで、評判分析技術を使ってさまざまな話題について分析した結果が取り上げられているのをよく見かけるでしょう。例えば、選挙の争点や話題の社会課題について、SNSの投稿などを評判分析して世論を調べるようなこともできます。

もちろん、マーケティングにも使うことができます。日々大量に投稿されるクチコミ情報は自社製品といえどすべてを読むことができないほどですが、評判分析技術でポジティブな書き込みとネガティブな書き込みに分類して表示することができると、効率的にクチコミ

を確認することができます。例えば、商品に対する不満だけを読みたいときなどにも便利でしょう。また、評判分析の結果を集計して、賛否の割合を推定することもできます。

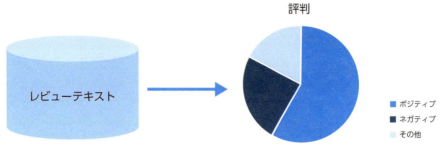

図11.2　評判分析結果の集計

11.3 辞書を用いた特徴量抽出

　一般に、適切な辞書を使うことでテキスト分類の精度が上がると考えられます。機械学習などを用いた場合、テキスト分類の精度を上げるためには大量の学習データが必要ですが、それを用意するのには多大な労力がかかります。辞書であれば、単語を集めてリストにするだけなので、学習データの量を増やすよりは楽な場合もあるでしょう。また、特定の用途の辞書がWebで公開されていることもあります。

> **Memo**
> 辞書を作るのは、必ずしも楽とは言えません。
> 　辞書は、濃縮された言語的な情報だと考えられます。高品質の辞書を作るには、言語に関する高度な知識が必要になり、時間もかかります。自然言語処理では辞書の有効性が認識されているので、辞書作成の活動がいくつかあり、その成果を活用することができます。

　本章では第10章で学んだ「教師あり学習を用いた分類」をもとに、特徴量抽出の際に極性辞書を使う方法を試します。
　図11.3に、テキスト分類に辞書を活用する方法の概要を示します。

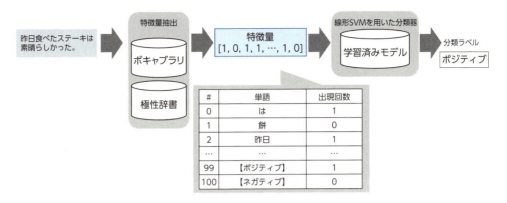

図11.3 評判分析のテキスト分類

図10.8と比べて、「特徴量抽出」のところが変わっていますね。特徴量抽出の際に、極性辞書を使い、辞書に入っている単語かどうかを判定し、それを特徴量に加えます。図11.3の例では、特徴量の最後の2つ以外は、第10章で用いたBag-of-Wordsの特徴量です。特徴量の中の最後の2つが極性辞書を使って抽出した特徴量で、「素晴らしい」という語がポジティブな表現として極性辞書の中にあったため、「ポジティブ」のところの特徴量が1になっています。

特徴量の部分の別の例を図11.4に示します。

図11.4 辞書を利用した文のベクトル変換

文にポジティブな語句が含まれていれば、【ポジティブ】というフラグに1を、文にネガティブな語句が含まれていれば、【ネガティブ】というフラグに1を設定することにします。図の例文を見ていくと、1文目では、「良い」という語が極性辞書内のポジティブな表現であるため、【ポジティブ】というフラグに1を設定しています。2文目では、「低迷」という語が極性辞書内のネガティブな表現であるため、【ネガティブ】というフラグに1を設定しています。

本章では、このような仕組みにより、Bag-of-Words特徴量に「極性辞書内にある語句か

11.3 辞書を用いた特徴量抽出

どうか」のフラグを加えることで特徴量とし、機械学習を使ってテキスト分類をします。

極性辞書として、本章では以下の2つの辞書を用います。

- 日本語評価極性辞書（用言編）ver.1.0（2008年12月版）
    - 著作者：東北大学 乾・岡崎研究室 / Author(s): Inui-Okazaki Laboratory, Tohoku University
    - 参考文献：小林のぞみ，乾健太郎，松本裕治，立石健二，福島俊一．意見抽出のための評価表現の収集．自然言語処理，Vol.12, No.3, pp.203-222, 2005.
- 日本語評価極性辞書（名詞編）ver.1.0（2008年12月版）
    - 著作者：東北大学 乾・岡崎研究室 / Author(s): Inui-Okazaki Laboratory, Tohoku University
    - 参考文献：東山昌彦，乾健太郎，松本裕治．述語の選択選好性に着目した名詞評価極性の獲得，言語処理学会第14回年次大会論文集，pp.584-587, 2008.

下記のページから2つの辞書をダウンロードし、**data**ディレクトリ以下に置きましょう。

URL http://www.cl.ecei.tohoku.ac.jp/index.php?Open%20Resources%2FJapanese%20Sentiment%20Polarity%20Dictionary

図11.5　日本語評価極性辞書のダウンロード

中身を確認しておきましょう。テキストエディターでそれぞれのファイルを開いてください。

　以下は用言編の辞書、`data/wago.121808.pn`の内容です。

```
...
ネガ（評価）悪い
ネガ（評価）悪賢い
ネガ（評価）悪達者 だ
ネガ（評価）悪達者 です
ネガ（評価）悪達者 と
...
ポジ（評価）良い
ポジ（評価）良い なる
ポジ（評価）良識 的 だ
ポジ（評価）良識 的 です
ポジ（評価）良心 的 だ
...
```

　そして以下は名詞編の辞書、`data/pn.csv.m3.120408.trim`の内容です。

```
...
好調　 p ～である・になる（評価・感情）主観
好調さ p ～がある・高まる（存在・性質）
...
低調 n ～である・になる（評価・感情）主観
低迷 n ～する（出来事）
低迷期 n ～である・になる（状態）客観
...
```

　用言編の辞書には、用言について「悪い」「悪賢い」「悪達者だ」といった語がネガティブな語であり、「良い」「良いなる」「良心的だ」といった語がポジティブな語であるという情報が書かれています。名詞編の辞書には、名詞について、表記こそ違うものの「好調」「好調さ」といった語がポジティブ（p）な語であり、「低調」「低迷」といった語がネガティブ（n）な語であるという同様の情報が書かれています。

　本書ではどの語句がポジティブであり、どの語句がネガティブであるかという情報だけを用います。これらの辞書には他にもさまざまな情報が含まれていますが、もし詳細を知りたい場合は先ほど挙げた参考文献を参照してください。

11.4 TRIEを用いた辞書内語句マッチ

テキストに極性辞書内の語句が含まれているか否かというフラグを加えるため、テキストの中で、辞書内の語句が現れる部分を特定します。これを本章では**辞書内語句マッチ**と呼ぶことにします。辞書内語句マッチの際は、辞書を**TRIE**というデータ構造に変換しておくと高速に語句を探せます。

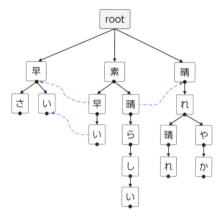

図11.6　TRIEとAho-Corasick法

　TRIEは、文字による木構造で、例えば辞書に「素早い」「素晴らしい」「晴れ晴れ」「晴れやか」などの語句があった場合、図11.6のような木構造を作ります。TRIEでは、先頭から共通する文字列がある単語をまとめて木構造にしています。

　辞書がこのTRIEのデータ構造になっていると、高速にマッチできます。先頭である木の根っこ（図11.6では「root」）から木構造をたどって語句をマッチさせます。テキストの先頭の文字から木構造をたどり、

- 文字が木構造の末端までマッチすれば、その語句にマッチした
- 末端までたどり着かなければ、その語句にマッチしなかった

ことがわかります。テキスト中の先頭の文字からTRIEをたどり終わったら、次の文字からまた同じようにTRIEをたどります。

　例として、「彼は行動が素早い」というテキストから図のTRIEに対して辞書内語句マッチをする場合を考えてみましょう。

　「彼」「は」「行」「動」「が」までは、マッチしません。「素」で中央のノードにマッチし、次に「早」「い」とマッチし、TRIE内で次のノードがなくなったことからこの「素早い」にマッチしたことがわかります。

さらに、次の文字からTRIEをたどる際は、rootからたどりなおしてもよいのですが、手前の文字で途中までたどった結果を活かすと速くなります。図の破線がそのためのリンクです。たとえば、「平素晴れやかな状態で」というテキストから辞書内語句マッチをする場合、2文字目、3文字目で「素」「晴」までマッチしますが、次の「ら」でマッチに失敗します。そこでテキスト中の次の文字からまたTRIEをたどることになりますが、この時点ですでに「晴」にマッチすることはわかっています。そこで、「ら」で失敗した場合は、「晴」へ飛ぶというリンクを持っておきます。これが**Aho-Corasick法**というアルゴリズムです。

　説明はこの辺りにして、さっそくプログラムを作成してみましょう。TRIEの構築とAho-Corasick法の部分は、**ahocorapy**ライブラリを使います。そこで、事前に

```
pip3 install ahocorapy
```

を実行してインストールしておきましょう。

　src/triematcher.pyを新規に作成します（リスト11.1）。評価極性辞書を読み込み、TRIEに変換してポジティブな語句とネガティブな語句をそれぞれ**dic_positive**と**dic_negative**変数に格納する処理と、これらのTRIEを呼び出す**get_sentiment_dictionaries**関数、辞書内語句マッチを行う**search_terms**関数を作成します。

リスト11.1 src/triematcher.py

```
from ahocorapy.keywordtree import KeywordTree

dic_positive = KeywordTree()
dic_negative = KeywordTree()

# 用言編
with open('data/wago.121808.pn') as yougen:
    for line in yougen:
        line_splitted = line.strip().split('\t')
        if len(line_splitted) != 2:
            continue
        polarity_, term_ = line_splitted[:2]
        polarity = polarity_[:2]
        term = term_.replace(' ', '')
        if polarity == 'ポジ':
            dic_positive.add(term)
        elif polarity == 'ネガ':
            dic_negative.add(term)

# 名詞編
with open('data/pn.csv.m3.120408.trim') as meishi:
    for line in meishi:
        term, polarity = line.strip().split('\t')[:2]
```

```
            if polarity == 'p':
                dic_positive.add(term)
            elif polarity == 'n':
                dic_negative.add(term)

dic_positive.finalize()
dic_negative.finalize()


def get_sentiment_dictionaries():
    return dic_positive, dic_negative


def search_terms(text, dic):
    results = dic.search_all(text)
    return list(results)
```

リスト11.1の中身を確認しておきましょう。

まずahocorapyライブラリで、ポジティブな語句のdic_positive、ネガティブな語句のdic_negativeを設定しておきます（❶）。

次に、ダウンロードしておいた極性辞書を読み込みます（❷、❸）。

用言編と名詞編はそれぞれ異なるフォーマットで書かれているため、別々の読み込み処理を行います。用言編の辞書（❷）では単語区切りのスペースは除いておきます（❹）。"ポジ"の語句をdic_positiveに、"ネガ"の語句をdic_negativeに追加します（❺）。どちらでもない語句は利用しません。名詞編の辞書（❸）では、"p"の語句をdic_positiveに、"n"の語句をdic_negativeに追加します（❻）。すべての語句が追加できたら、finalize関数でTRIEを構築します（❼）。

get_sentiment_dictionaries関数（❽）が、dic_positiveとdic_negativeを呼び出す関数です。

search_terms関数（❾）はテキストとTRIE辞書を入力すると辞書内語句マッチを行い、結果をマッチした語句の文字列と出現位置のタプルのリストで返却します。

リスト11.1を実行するプログラムを、リスト11.2に示します。

リスト11.2　src/sample_11_02.py

```
import sqlitedatastore as datastore
import triematcher as matcher
from annoutil import find_xs_in_y

if __name__ == '__main__':
    datastore.connect()
    dic_positive, dic_negative = matcher.get_sentiment_dictionaries()
    doc_id = 1
```

```
    for sent in datastore.get_annotation(doc_id, 'sentence'):
        tokens = find_xs_in_y(
            datastore.get_annotation(doc_id, 'token'), sent)
        text = ''.join([token['lemma'] for token in tokens])
        print(text, '-->')
        print('\tpositive:', matcher.search_terms(text, dic_positive))
        print('\tnegative:', matcher.search_terms(text, dic_negative))
    datastore.close()
```

　コマンドラインから実行しましょう。成功すると、文の中のそれぞれの単語を原形に変換して連結したテキストと、評価極性辞書内でマッチした語句が表示されます。マッチ結果は、マッチした語句の文字列と出現位置の数字がセットで返ってきます。

```
$ python3 src/sample_11_02.py
「アゼルバイジャン共和国」はこの項目へ転送するれるているます  -->
    positive: [('和', 10)]
    negative: []
ソ連時代の共和国については「アゼルバイジャン・ソビエト社会主義共和国」をご覧くださる  -->
    positive: [('和', 6), ('和', 32)]
    negative: []
この項目では、独立国について説明するているます  -->
    positive: [('独立', 7)]
    negative: []
隣接するイラン領地域については「*」をご覧くださる  -->
    positive: []
    negative: []
事実上独立状態にある*共和国を除くた数値は、面積*、人口*人（*年***  -->
    positive: [('事実', 0), ('実', 1), ('独立', 3), ('和', 12)]
    negative: []
```

> **Memo** 辞書内語句マッチをする際、単語の原形でマッチさせることが多いです。そのため、リスト11.2では、token['lemma']で、原形に変換しています。一方、今回用いた評価極性辞書には、単語が原形で入っているため、変換は不要でした。なお、src/sample_11_02.pyの実行結果で、「*」が出力されている部分は、CaboChaで原形の情報を取得できなかった単語です。

11.5 教師あり学習による評判分析

本章では、線形SVMを用いた教師あり学習による評判分析を行います。基本的な概念は第10章で理解できているはずですので、さっそく始めていきましょう。

第10章と同様に、まず学習データを作成し、続いて学習を行います。

 学習データの作成

本書では例として国についての記事を用いていますが、本章ではそこから、ポジティブとネガティブの両方の情報が書かれていそうな、「経済」「教育」「治安」という語を含む文を集めてみましょう（リスト11.3）。

リスト11.3 src/sample_11_03.py

```
import sqlitedatastore as datastore
import solrindexer as indexer

if __name__ == '__main__':
    datastore.connect()
    print('#label', 'doc_id', 'sentence_id', 'text')
    results = indexer.search_annotation(
        fl_keyword_pairs=[
            ('sentence_txt_ja', [['教育', '治安', '経済']]),
            ('name_s',          [['sentence']]),
        ], rows=1000)
    for r in results['response']['docs']:
        text = datastore.get(r['doc_id_i'], ['content'])['content']
        sent = datastore.get_annotation(r['doc_id_i'], 'sentence')[r['anno_id_i']]
        # ラベルファイルのデータ構造へ変換
        print(0, r['doc_id_i'], r['anno_id_i'], text[sent['begin']:sent['end']])
    datastore.close()
```

コマンドラインから実行すると、最大1000文分の仮の学習データがdata/labels_sentiment.txtファイルに書き出されます。

```
$ python3 src/sample_11_03.py > data/labels_sentiment.txt
```

以下のようなファイルが作成されていますね。

```
#label doc_id sentence_id text
0 95 156 義務教育は初等教育のみである
0 40 67 ガボンの教育制度を管轄する省庁は2つあり、このうち教育省（文部省）は幼児教育から高等教育までを担当している
```

```
0 95 160  教育言語は、初等教育は公用語であるスワヒリ語であるが、中等教育以降は英語が教育
言語である
0 34 111  2年間の就学前教育と6年間の初等教育が義務教育であり、初等教育の後に3年間の前期
中等教育と4年間の後期中等教育を経て高等教育への道が開ける
0 16 383  教育制度は充実しており、初等教育から高等教育に至るまで無料である
0 92 298  なお、通信教育による高等教育も盛んである
0 5 170  義務教育は9年間の初等教育と前期中等教育を一貫した基礎教育学校（エコール・フォン
ダマンタル）で行われ、義務教育期間はアラビア語で教授されるが、大学教育ではフランス語で教
授されることも多くなる
0 6 450  幼稚園から初等教育が始まり、5歳から14歳までの10年間の無償の初等教育・前期中等
教育が義務教育期間となり、その後3年間の後期中等教育を経て高等教育への道が開ける
0 59 319  5年間の初等教育、及び4年間の前期中等教育は義務教育であり、無償となっている
...
```

1列目にカテゴリが仮に0として出力されています。カテゴリをポジティブなら1に、ネガティブなテキストなら−1に変更してください。どちらでもないものは0のままとします。

表11.1 評判分析のカテゴリ

カテゴリ	説明
1	ポジティブな内容の文である
-1	ネガティブな内容の文である
0	ポジティブともネガティブとも言えない内容の文である

　カテゴリを手作業で編集して、正解データを作成します。以下の例では、文書ID 16の383番の文、文書ID 92の298番の文、文書ID 59の319番の文をカテゴリ1に、文書ID 95の156番の文をカテゴリ−1にしています。

```
#label doc_id sentence_id text
-1 95 156  義務教育は初等教育のみである
0 40 67  ガボンの教育制度を管轄する省庁は2つあり、このうち教育省（文部省）は幼児教育から
高等教育までを担当している
0 95 160  教育言語は、初等教育は公用語であるスワヒリ語であるが、中等教育以降は英語が教育
言語である
0 34 111  2年間の就学前教育と6年間の初等教育が義務教育であり、初等教育の後に3年間の前期
中等教育と4年間の後期中等教育を経て高等教育への道が開ける
1 16 383  教育制度は充実しており、初等教育から高等教育に至るまで無料である
1 92 298  なお、通信教育による高等教育も盛んである
0 5 170  義務教育は9年間の初等教育と前期中等教育を一貫した基礎教育学校（エコール・フォン
ダマンタル）で行われ、義務教育期間はアラビア語で教授されるが、大学教育ではフランス語で教
授されることも多くなる
0 6 450  幼稚園から初等教育が始まり、5歳から14歳までの10年間の無償の初等教育・前期中等
教育が義務教育期間となり、その後3年間の後期中等教育を経て高等教育への道が開ける
1 59 319  5年間の初等教育、及び4年間の前期中等教育は義務教育であり、無償となっている
```

学習

src/sentimentclassifier.pyを新規に作成し、評判分析用の文の特徴量抽出を行うconvert_into_features(_using_vocab)関数を作成します（リスト11.4）。

リスト11.4　src/sentimentclassifier.py

```
import mlclassifier
import triematcher as matcher

def convert_into_features_using_vocab(sentences, vocab):
    features, _ = convert_into_features(sentences, vocab)
    return features

def convert_into_features(sentences, vocab=None):
    dic_positive, dic_negative = matcher.get_sentiment_dictionaries()    ❷
    contents  = []
    for doc_id, sent, tokens in sentences:
        # Bag-of-Words 特徴量
        lemmas = [token['lemma'] for token in tokens]    ❶
        # 評価極性辞書内語句マッチ
        text = ''.join(lemmas)
        terms_positive = matcher.search_terms(text, dic_positive)    ❸
        terms_negative = matcher.search_terms(text, dic_negative)
        polarities = []
        if len(terms_positive) > 0:
            polarities.append(' [ポジティブ] ')
        if len(terms_negative) > 0:                                  ❹
            polarities.append(' [ネガティブ] ')

        content = ' '.join(lemmas + polarities)    ❺
        contents.append(content)

    features, vocab = mlclassifier.vectorize(contents, vocab)    ❻
    return features, vocab
```

リスト11.4の中身を確認しておきましょう。

convert_into_features関数では、まずは文を単語（原形）のリストlemmasの形に変換します（❶）。第10章と同様に、Bag-of-Words特徴量として、lemmasをtextに追加します。

次に、get_sentiment_dictionaries（❷）で呼び出したdic_positiveとdic_negativeについてsearch_terms関数で辞書内語句マッチを行います（❸）。マッチの結果として、与えられた文の単語列から、ポジティブな語句だけから成る単語列と、ネガティブな語句だけから成る単語列が切り出されます。

ポジティブな単語列、ネガティブな単語列が存在する場合は、それぞれ、" [ポジティ

ブ］"、"［ネガティブ］"というフラグをpolarities変数に格納します（❹）。

最後に、lemmas変数とpolarities変数の要素を半角スペースで連結し（❺）、第10章と同様にvectorize関数によってベクトルに変換します（❻）。

学習を実行し、学習済モデルで評判分析を行うプログラムをリスト11.5に示します。

リスト11.5　src/sample_11_05.py

```python
import time

from sklearn.externals import joblib

import mlclassifier
import sentimentclassifier
import sqlitedatastore as datastore
from annoutil import find_xs_in_y

if __name__ == '__main__':
    datastore.connect()
    # ラベル付きデータ読み込み
    sentences = []
    labels = []
    with open('data/labels_sentiment.txt') as f:
        for line in f:
            if line.startswith('#'):
                continue
            d = line.rstrip().split()
            label, doc_id, sent_id = int(d[0]), d[1], int(d[2])
            sent = datastore.get_annotation(doc_id, 'sentence')[sent_id]
            tokens = find_xs_in_y(
                datastore.get_annotation(doc_id, 'token'), sent)
            sentences.append((doc_id, sent, tokens))
            labels.append(label)

    # 学習データ特徴量生成
    num_train = int(len(sentences) * 0.8)
    sentences_train = sentences[:num_train]
    labels_train = labels[:num_train]
    features, vocab = sentimentclassifier.convert_into_features(sentences_train)

    # 学習
    time_s = time.time()
    print(':::TRAIN START')
    model = mlclassifier.train(labels_train, features)
    print(':::TRAIN FINISHED', time.time() - time_s)

    # 学習モデルをファイルに保存
    joblib.dump(model, 'result/model_sentiment.pkl')
    joblib.dump(vocab, 'result/vocab_sentiment.pkl')
```

```python
# 分類の実行
features_test = sentimentclassifier.convert_into_features_using_vocab(
    sentences[num_train:], vocab)
predicteds = mlclassifier.classify(features_test, model)
for predicted, (doc_id, sent, tokens), label in zip(
        predicteds,
        sentences[num_train:],
        labels[num_train:]):
    # 結果の確認
    text = datastore.get(doc_id, ['content'])['content']
    if predicted == label:
        print('correct  ', ' ', label, predicted,
              text[sent['begin']:sent['end']])
    else:
        print('incorrect', ' ', label, predicted,
              text[sent['begin']:sent['end']])
datastore.close()
```

リスト11.5は、リスト10.5とほぼ同じです。

読み込む正解データのファイルと、用いるconvert_into_features(_using_vocab)関数がmlclassifier.pyのものからsentimentclassifier.pyのものに変わった点だけが異なります。

それでは、コマンドラインから実行してみましょう。学習にかかった時間が表示され、学習したモデルと語彙ファイルが作成されます。学習したモデルによるテキストの評判分析結果と、正解データとカテゴリが合っているか否かが表示されます。

```
$ python3 src/sample_11_05.py
:::TRAIN START
:::TRAIN FINISHED 0.03939390182495117
incorrect    1 0 以前は地方の治安が悪かったために探鉱・油田開発が殆ど行われていなかったが、治安改善に従って欧米メジャーによる開発が進んでいる
incorrect   -1 0 グアテマラの治安は世界159番目である
correct      0 0 国際連合安全保障理事会決議1386にもとづき国際治安支援部隊（ISAF）創設、カーブルの治安維持にあたる
incorrect    1 0 しかし、2002年に成立したウリベ政権と続く2010年に成立したサントス政権が治安対策に力を入れた結果、飛躍的な治安改善が成し遂げられつつある[24]
correct      0 0 野党勢力は内務省や国家治安局、国営テレビ局などを占拠した
correct      0 0 2008年におけるイラク人の治安部隊は約60万人
incorrect    1 0 オーストラリアとニュージーランドの軍と警察、約2200人が出動し、治安の回復が図られた
correct      0 0 同時に有志連合軍は国際連合の多国籍軍となり、治安維持などに従事した
correct      0 0 南部ではシーア派系武装組織が治安部隊と断続的に戦闘を行っている
incorrect   -1 1 治安問題は、コロン政権になっても全く無策であり、毎日、テレビ・ニュースで殺人事件が報道されている
incorrect   -1 0 治安部隊との間で銃撃戦が発生し、6名が死亡し、10名が負傷した
```

```
incorrect      1 0 治安に関しては郊外や観光客があまり訪れない場所にさえ行かなければ、危険
な目に遭うことは少ないと考えられている
incorrect     -1 0 こうした経済混乱に、長期政権・一党支配に対する不満と相まって、治安の悪
化も問題となっている
incorrect     -1 0 2013年度のイギリス情報誌のエコノミスト　治安ランキングワースト10 では
第2位
incorrect     -1 0 国民ほとんどに行き渡る量の銃器を保有する国民皆兵政策は、現在の治安状態
に暗い影を落としている
...

$ ls result
model_sentiment.pkl
vocab_sentiment.pkl
```

11.6 評判分析の結果を表示するWebアプリケーション

　それでは、いよいよWebアプリケーションを作成していきましょう。こちらも、第10章で作成したsrc/sample_10_09.py（リスト10.9）を少し変更するだけです。

　リスト11.6にpythonプログラムを示します。

リスト11.6　src/sample_11_06.py

```python
import json

import bottle
from sklearn.externals import joblib

import mlclassifier
import sentimentclassifier
import solrindexer as indexer
import sqlitedatastore as datastore
from annoutil import find_xs_in_y

# 学習済モデルをファイルから読み込み
model = joblib.load('result/model_sentiment.pkl')
vocab = joblib.load('result/vocab_sentiment.pkl')


@bottle.route('/')
def index_html():
    return bottle.static_file('sample_11_07.html', root='./src/static')


@bottle.route('/file/<filename:path>')
def static(filename):
    return bottle.static_file(filename, root='./src/static')
```

```python
@bottle.get('/get')
def get():
    title = bottle.request.params.title.strip()
    keywords = bottle.request.params.keywords.split()

    results = indexer.search_annotation(
        fl_keyword_pairs=[
            ('title_txt_ja',    [[title]]),
            ('sentence_txt_ja', [keywords]),
            ('name_s',          [['sentence']])
        ], rows=1000)

    for r in results['response']['docs']:
        sent = datastore.get_annotation(r['doc_id_i'], 'sentence')[
            r['anno_id_i']]
        tokens = find_xs_in_y(datastore.get_annotation(
            r['doc_id_i'], 'token'), sent)

        features = sentimentclassifier.convert_into_features_using_vocab(
            [(r['doc_id_i'], sent, tokens)], vocab)
        predicteds = mlclassifier.classify(features, model)

        r['predicted'] = int(predicteds[0])   # covert from numpy.int to int
        print(r['predicted'], r['sentence_txt_ja'])

    return json.dumps(results, ensure_ascii=False)


if __name__ == '__main__':
    datastore.connect()
    bottle.run(host='0.0.0.0', port='8702')
    datastore.close()
```

HTMLファイル、JavaScriptファイルも、第10章で作成したものをもとにして作成すると楽です。HTMLファイル（**リスト11.7**）には、記事タイトルで検索可能にするための**title**の入力ボックスを追加しています。また、ポジティブとネガティブを並べて表示するために、**<table>**内にそれぞれ1つずつ**<table>**を作成しています。

リスト11.7　src/static/sample_11_07.html

```html
<div id="main">
    title:    <input type="text" v-model="title"/><br/>
    keywords: <input type="text" v-model="keywords"/><br/>
    <br/>
    <button v-on:click="run">Search</button><br/>
    {{ result.numFound }} <br/>
```

```
<table border=0>
    <td valign="top" width="50%">
    <h3>Positive</h3>
    <table border=1 style="border-collapse: collapse">
        <tr v-for="(row, _) in result.docs" v-if="row.predicted==1">
          <td>{{ row.doc_id_i }}</td>
          <td>{{ row.title_txt_ja }}</td>
          <td>{{ row.sentence_txt_ja }}</td>
          <td>{{ row.predicted }}</td>
        </tr>
    </table>
    </td>
    <td valign="top" width="50%">
    <h3>Negative</h3>
    <table border=1 style="border-collapse: collapse">
        <tr v-for="(row, _) in result.docs" v-if="row.predicted==-1">
          <td>{{ row.doc_id_i }}</td>
          <td>{{ row.title_txt_ja }}</td>
          <td>{{ row.sentence_txt_ja }}</td>
          <td>{{ row.predicted }}</td>
        </tr>
    </table>
    </td>
  </table>
</div>
<br/>

<script src="https://unpkg.com/vue"></script>
<script src="https://cdn.jsdelivr.net/npm/vue-resource@1.3.4"></script>
<script src="/file/sample_11_08.js"></script>
```

リスト 11.8　src/static/sample_11_08.js

```
var main = new Vue({
    el: '#main',
    data: {
        title:     '日本',
        keywords:  '経済',
        result:    {},
    },
    methods: {
        run: function() {
            this.$http.get(
                '/get',
                {'params': {
                    'title':     this.title,
                    'keywords':  this.keywords,
                }},
            ).then(response => {
```

```
                this.result = response.body.response;
            }, response => {
                console.log('NG');
                console.log(response.body);
            });
        },
    }
});
```

コマンドラインから起動してみましょう。

```
$ python3 src/sample_11_06.py
```

Webブラウザーで、 URL http://localhost:8702 にアクセスしてみましょう。図11.7が、評判分析のWebアプリケーションの画面です。

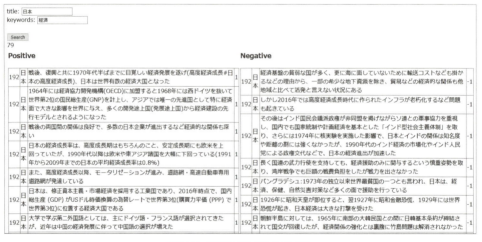

図11.7　評判分析のWebアプリ

デフォルトで［title］に「日本」、［keywords］に「経済」が指定されているので、日本の記事中にある「経済」を含む文が検索されます。検索結果の件数は画面上に表示され、それぞれの検索結果が、学習済みモデルにより「ポジティブ」「ネガティブ」「どちらでもない」に分類されます。そのうち「ポジティブ」「ネガティブ」に分類された文が、画面のそれぞれ左側、右側に分類されて表示されます。どちらでもないに分類された文は画面には表示されません。

Webアプリケーションの画面に何も表示されない場合は、コマンドラインを確認してみましょう。

　このWebアプリケーションは、Solrの検索で得られたテキストに対する評判分析の結果を、すべてコマンドラインに表示します。すべて「0」、すなわち、ポジティブでもネガティブでもないと判定されている場合は、Webアプリケーションの画面には何も表示されません。

　［title］や［keywords］を変更して結果を確認してみてください。さまざまな国の情報が調べられます。

第12章 テキストからの情報抽出

Theme
- 関係のアノテーション
- 正規表現を用いた関係抽出
- 係り受け構造を用いた関係抽出
- 抽出した関係を表示するWebアプリケーション

12.1 情報抽出とは

　情報抽出とは、一般には、データの中から特定の情報を抜き出し、抜き出した情報を整理することです。自然言語処理においては、テキスト内で特定のカテゴリの事柄が書かれている部分を特定することを情報抽出といいます。

　例えば、第5章で行った大学名・学会名へのアノテーション付与も情報抽出の一つです。テキスト内で大学名・学会名を表す部分を特定し、アノテーションを付与しています。アノテーションが付与できれば、あとからこの情報を抜き出して、整理することができます。

　もう少しわかりやすい例として、以下の文を見てみましょう。

ゴア料理はマカオ料理に影響を与えた。

　この文には、「ゴア料理」と「マカオ料理」の間で、「影響を及ぼした」という関係があることを意味しています。「ゴア料理」が**影響元（cause）**で、「マカオ料理」が**影響先（effect）**といえます。

ゴア料理はポルトガルとその植民地に伝播し、
マカオ料理などに影響を与えた。

図12.1 複数の句にまたがる関係のアノテーション

このような、文書中のいろいろなところに書かれている「影響元」と「影響先」に関して、テキストから抽出して整理することで、表12.1のような関係が見えてきます。

表12.1 文章中から抽出された「影響元」と「影響先」の例

影響元	影響先
ゴア料理	マカオ料理
アリストテレス哲学	スコラ学
気候変動	住民の生活
…	…

こうしてみると、テキストから情報が抽出されて、その抽出された情報が整理されていくさまが理解できると思います。

本章では、上記の影響元と影響先の情報を抽出します。抽出した情報は、第5章と同様にアノテーションとして管理します。それらのアノテーションをSolrに登録し、検索によって抽出された情報を取り出し、Webアプリケーションで整理して表示します。図12.2に示すような、「キーワードを入力することで、影響元と影響先の一覧が表示される」Webアプリケーションを作るのが本章のゴールです。

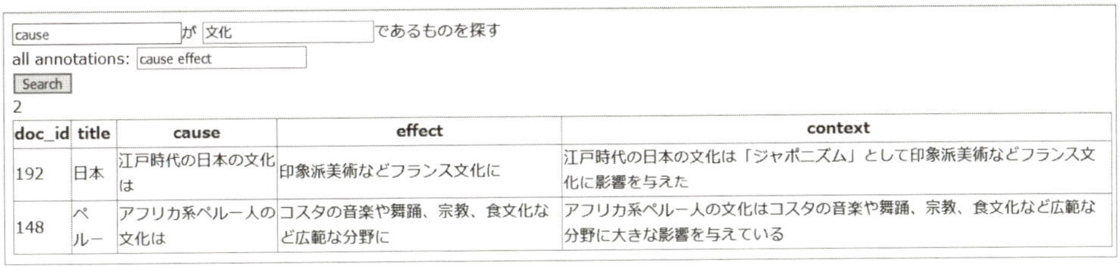

図12.2 関係検索アプリケーション

関係抽出

　先ほどの例では、「ゴア料理」と「マカオ料理」の間の「影響を及ぼした」という関係を抽出しています。本書では、このような2つの事物・事象とその間の関係の情報を抽出することを、**関係抽出**と呼ぶことにします。

　ただ、自然言語処理の研究分野においては、関係抽出はもっと狭いことを意味する場合が多いです。本書では、「関係抽出」という用語を広義の意味で使い、一般にテキストの中からある種の関係に関する情報を取り出すことを意味することにします。

　先ほどの例を見たときに、係り受け解析の結果を使うとうまくできそう、と思ったのではないでしょうか。本章では、第4章で行った係り受け解析の結果を使って、関係抽出をしてみます。その前に、感覚をつかむために、正規表現を使った関係抽出もやってみましょう。

 Column　自然言語処理の研究分野としての関係抽出

　自然言語処理における関係抽出とは、エンティティの情報抽出が終わったあとに、エンティティ同士の間にどのような関係があるかを同定するタスクを指す場合が多いです。

　例えば、医学論文の中に出てくる病名と薬剤名を情報抽出したいとします。このエンティティの抽出を簡単に行うには、病名と薬剤名の辞書を用意しておき、第11章で説明した辞書内語句マッチで実現できます。エンティティを抽出したあとで、ある薬剤がある病気に効くかどうかを判定します。この判定が、関係抽出のタスクとされます。エンティティがどこに書かれているかは特定されているので、その2つのエンティティの周りにある語を特徴量として機械学習にかけることで、関係の判定ができます。

　より洗練された方法として、2つのエンティティが係り受け木の上でどういうつながりを持っているかを特徴量にすることができます。これを **Dependency Path** といいます。

情報抽出技術の用途

　情報抽出は、大量の文書の中に散らばって書かれている情報を整理するときに役に立ちます。例えば、企業買収に関して、ニュース記事などから、買収をしかけた企業と買収された企業を情報抽出することで、過去に起こった企業買収に関するデータベースを作ることができます。

　通常のキーワード検索で、会社名と「買収」というキーワードで検索した場合は、その会社が買収したという情報と、買収されたという情報、または単にその会社名と「買収」という単語が一緒に現れているものが、混ざって出力されてしまいます。しかし、きちんと情報抽出をしておくことで、買収を仕掛けた企業と、買収された企業を区別して情報を探すことができるのです。

　他の例としては、インターネットショッピングのポータルサイトなどでの利用が考えられます。インターネットショッピングでは、さまざまな出品者が商品を出品し、商品についての情報をテキストで紹介しています。同じ商品でも出品者によって書き方がまちまちですが、買い物客は「商品名」「値段」「メーカー」などの統一された項目で商品を探したいはずです。きちんと情報抽出をしておくことで、値段の安い順に出品を並べたり、メーカー別の出品件数を簡単に調べたりすることができるようになります。

 Column　　情報抽出したデータの整理

　情報抽出したデータを整理して、表のような構造を持つデータベースにする際には、情報を抜き出すこと以外の別の技術的な難しさもあるので注意を要します。一般に、情報抽出によりデータベースを作る場合には、抽出した項目同士を結び付ける必要があるのです。

　一例を挙げましょう。文書中のある場所には、アメリカ合衆国の人口が記載されており、別の場所には、同国の首都の情報が書かれているとします。前者のところには「米国の人口は」と書かれていて、後者のところには「アメリカの首都は」と書かれている、というわけです。

　これらを統合して、1つのデータにしたい場合を考えてみましょう。この場合、「米国」と「アメリカ」が同じものを意味することを判定しなければなりません。もしくは、「アメリカ」が「アメリカ大陸」ではなく国としての「アメリカ合衆国」を意味していることを判定しないといけません。したがって、第8章で解説したエンティティリンキングや語義曖昧性解消、語句が同義かどうかを判定する技術などが必要になってきます。

12.3 関係のアノテーション

第5章では単一の語句にアノテーションを付与しましたが、本章では関係を表すアノテーションを付与します。「関係」を表現するために、2つの語句にアノテーションを付け、さらにその2つのアノテーションの間にリンクを張っていきます。第4章で、チャンクの間のリンクで係り受け関係を表していたことを思い出しましょう。ここでは、それと同じことをやっていきます。

図12.1の例では、「cause」と「effect」という名前の2つのアノテーションを作成しており、さらにその2つのアノテーションの間に、リンクを張っています。ここでは、図12.1の例をもとに、実際にSQLiteに格納するアノテーションのデータがどのようになっているかを説明していきます。

まず「cause」のデータ構造を確認しましょう。第5章と同様に、開始位置を`begin`、終了位置を`end`で保存します。また、`link`にリンクを張る先のアノテーションの名前と、アノテーションのIDのタプルを保持します。

```
{
    begin: 17,
    end:   23,
    link:  ('effect', 0)
}
```

「effect」アノテーションも同様の構造です。

```
{
    begin: 11,
    end:   15
    link:  ('cause', 0)
}
```

これにより、「cause」からそれに対応する「effect」にたどったり、その逆をたどったりすることができるようになります。

正規表現を用いた関係抽出

　まずは雰囲気をつかむために、正規表現でテキストから関係を抽出してみましょう。正規表現なら、簡単に試すことができます。先ほどの「ゴア料理はポルトガルとその植民地に伝播し、マカオ料理などに影響を与えた」という例文を見ると、「〜は〜に影響を与えた」というパターンをうまく正規表現で書けば、関係の情報を取り出すことができそうです。

　そのままシンプルに正規表現で表すと、次のようになります。

```
.+ は .+ に影響を与えた
```

　`.` は任意の1文字であり、`+`は直前の文字の1回以上の繰り返しであることを思い出しましょう。よって `.+` は、任意の1文字以上の文字列を表すことになります。

　さて、上記の正規表現にはどんな問題があるでしょうか？ 実際に動かしてみると、いろんな問題点があることがわかりますが、動かさなくても下記の2つぐらいはすぐに思いつくと思います。

- 「は」以外の助詞が続く「影響元」を抽出できない
- 「影響を与える」のような表現だった場合に抽出できない

　そこで、下記のように正規表現を改良できます。

```
.+[ はもが ].+ に影響を与え
```

　「は」以外にも、「も」や「が」にもマッチするようにし、また「与えた」の「た」を除いて、「与える」や「与えそうだ」などにもマッチするようにしました。

　自然言語処理というよりは、文字列処理、ですが、うまい正規表現を作れるようになるには経験が必要です。本章では、もう少し工夫をして、下記の正規表現を使うことにします。

```
[^、はもがに ]+[ はもが ][^ はもが ]+ に影響を与え
```

　`[^、はもがに ]+` は、「、」「は」「も」「が」「に」でない文字の1回以上の繰り返しです。つまり、「、」「は」「も」「が」「に」が含まれない文字列です。同様に、`[^ はもが ]+` は、「は」「も」「が」でない文字の1回以上の繰り返しで、「は」「も」「が」が含まれない文字列を表します。

　ただし、このままでは、Pythonのプログラムの中で、「影響先」と「影響元」を区別して取得できないので、下記のようにして、それぞれ、**cause**と**effect**のキーワードで「影響先」「影響元」を表す文字列を取得できるようにしておきましょう。

```
(?P<cause>[^、はもがに ]+[ はもが ])(?P<effect>[^ はもが ]+ に ) 影響を与え
```

さて、この正規表現はどのくらい、うまくいきそうでしょうか。すぐに想像できるのは、「は」「も」「が」「に」などが、期待する助詞でない場合です。例えば、

レンコンのはさみ揚げに影響を与えた

のような文が仮にあったとすると、影響元として「レンコンの」が、影響先として「さみ揚げ」が抽出されます。このような例を見ると、文字列だけでなく、係り受け解析の結果や、少なくとも品詞の情報ぐらいは使ったほうがよいと思えるのではないでしょうか。

それでは、この正規表現で実際に抽出してみましょう。src/sample_12_01.py を新規に作成し、extract_relation 関数を作成します（リスト 12.1）。

リスト 12.1　src/sample_12_01.py

```
import re

import sqlitedatastore as datastore

ptn_relation = re.compile(
    r'(?P<cause>[^、はもがに ]+[ はもが ])(?P<effect>[^ はもが ]+ に ) 影響を与え ')   ①

def extract_relation(doc_id):
    text = datastore.get(doc_id, fl=['content'])['content']
    anno_id = 0
    for sent in datastore.get_annotation(doc_id, 'sentence'):
        for m in ptn_relation.finditer(text[sent['begin']:sent['end']]):   ②
            relation = {   ③
                'cause':  {'begin': m.start('cause') + sent['begin'],
                           'end':   m.end('cause')   + sent['begin'],
                           'link':  ('effect', anno_id)},
                'effect': {'begin': m.start('effect') + sent['begin'],
                           'end':   m.end('effect')   + sent['begin']},   ④
            }
            anno_id += 1
            yield sent, relation

if __name__ == '__main__':
    datastore.connect()
    for doc_id in datastore.get_all_ids(limit=-1):
        text = datastore.get(doc_id, fl=['content'])['content']
        for sent, relation in extract_relation(doc_id):
            print(' 文書 {0:d} {1:s}'.format(
                doc_id, text[sent['begin']:sent['end']]))
            for anno_name, anno in relation.items():
                print('\t{0}: {1}'.format(
```

```
                anno_name, text[anno['begin']:anno['end']]))
        print()
    datastore.close()
```

リスト 12.1 の中身を確認しましょう。

`extract_relation` 関数は、引数で指定された文書 ID 内の文から、先ほどの正規表現のパターン（❶）を使って cause と effect の関係を抽出します。文書中のそれぞれの文のテキストに対して正規表現のパターンとマッチする部分を取り出し（❷）、取り出した結果をアノテーションのデータ構造に変換して relation 変数に格納します（❸）。

ここで注意する点として、正規表現の `finditer` 関数から返される開始位置と終了位置は、`finditer` 関数に渡したテキスト内での位置になっています。`finditer` 関数には 1 つの文のテキストのみ渡しているので、文書中での開始位置と終了位置にするには、文の開始位置（`sent['begin']`）を足す必要があります（❹）。この位置修正を忘れるとアノテーションの位置がずれてしまいます。

コマンドラインから実行してみましょう。成功すると、関係が抽出された文のテキストと、そこから抽出された cause と effect の関係が表示されます。

```
$ python3 src/sample_12_01.py
シルエロ・カブラルは世界的に有名な幻想芸術家かつ彫刻家であり、エドゥアルド・マクリンティーレの幾何学的なデザインは 1970 年代以降の世界中の広告家に影響を与えた
    cause: エドゥアルド・マクリンティーレの幾何学的なデザインは
    effect: 1970 年代以降の世界中の広告家に

200 以上の新聞が存在し、地元の町や地域に影響を与えている
    cause: 200 以上の新聞が
    effect: 存在し、地元の町や地域に

しかし他の欧州諸国と同じく単純化できるものではなく、ラテン人以外のイタリック人、エトルリア人、フェニキア人、古代ギリシャ人、ケルト系、ゲルマン系など多様な祖先が民族の形成に影響を与えている
    cause: ゲルマン系など多様な祖先が
    effect: 民族の形成に

パーラ朝が仏教を保護してパハルプールの仏教寺院（現バングラデシュ）が建設され、近隣諸国のパガン仏教寺院・アンコール仏教寺院・ボロブドゥール仏教寺院の建設に影響を与えた
    cause: 仏教を保護してパハルプールの仏教寺院（現バングラデシュ）が
    effect: 建設され、近隣諸国のパガン仏教寺院・アンコール仏教寺院・ボロブドゥール仏教寺院の建設に

仏教と異なりインド以外の地にはほとんど伝わらなかったが、その国内に深く根を下ろして、およそ 2500 年の長い期間にわたりインド文化の諸方面に影響を与え続け、今日もなおわずかだが無視できない信徒数を保っている
```

>   cause: ほとんど伝わらなかったが
>   effect: 、その国内に深く根を下ろして、およそ 2500 年の長い期間にわたりインド文化の諸方面に
>
> ゴア料理はポルトガルとその植民地に伝播し、マカオ料理などに影響を与えた
>   cause: ゴア料理は
>   effect: ポルトガルとその植民地に伝播し、マカオ料理などに
>
> しかし、インディヘナはスペイン人による疫病や酷使によりほとんどが死んでしまったため、近代においてコスタリカ文化に影響を与えたことは少なかった
>   cause: よりほとんどが
>   effect: 死んでしまったため、近代においてコスタリカ文化に
>
> ここで洋銀が金銀比価に影響を与えはじめた
>   cause: ここで洋銀が
>   effect: 金銀比価に

　いかがでしょうか。なかなか簡単にはいかないことがわかるかと思います。大ざっぱに見れば、うまく関係が抽出できているものもあります。しかし、文字列だけでマッチしており、品詞や修飾関係、文節の区切りなどの情報を使っていないため、うまく抽出できていないものがあることもわかります。

　例えば、「仏教と異なりインド以外の地には〜」の文では、「ほとんど伝わらなかったが」の部分の接続助詞の「が」が正規表現にマッチしてしまい、「影響元」として抽出されてしまっています。また、「しかし、インディヘナはスペイン人による〜」の文では、「よりほとんどが」と「（影響を）与えた」の間で修飾関係がないにもかかわらず、文字列だけでマッチしているため、「よりほとんどが」の部分が「影響元」として抽出されています。その他、文節の区切りの情報を使っていないため、「影響元」「影響先」ともにやや長めのテキストが抽出されてしまっています。

係り受け構造を用いた関係抽出

今度は係り受け解析の結果を利用して関係を抽出してみましょう。試しに、本章の最初に出した以下の例文をCaboChaで係り受け解析してみましょう。

ゴア料理はマカオ料理に影響を与えた

以下のコマンドで、実行できます。

```
$ echo "ゴア料理はマカオ料理に影響を与えた" | cabocha
  ゴア料理は-----D
    マカオ料理に---D
        影響を-D
          与えた
EOS
```

この出力は、文節間の修飾関係を表す図であり、「ゴア料理は」「マカオ料理に」「影響を」という3つの文節が、「与えた。」の文節を修飾していることを表しています。

実際のWikipediaにある文は、もう少し複雑です。**リスト12.1**の出力を見ると、以下の文があることがわかります。

ゴア料理はポルトガルとその植民地に伝播し、マカオ料理などに影響を与えた

この文をCaboChaで係り受け解析すると、次のような結果が出力されます。

```
$ echo "ゴア料理はポルトガルとその植民地に伝播し、マカオ料理などに影響を与えた" |
cabocha
  ゴア料理は-------------D
    ポルトガルと---D       |
          その-D   |       |
        植民地に-D |       |
          伝搬し、-----D
      マカオ料理などに---D
              影響を-D
                与えた
```

少し複雑になってはいますが、先ほどと同様に、「ゴア料理は」「マカオ料理などに」「影響を」の3つの文節は「与えた」の文節を修飾していることがわかります。この例文から、以下のような手順で抽出すればよさそうだと考えられますね。

1. 「与える」を含む文節を見つける
2. 「与える」の文節を「影響を」の文節が修飾しているかどうかを調べる
3. 「与える」の文節を修飾している「〜は / も / が」という文節を見つけ、「影響元」とする
4. 「与える」の文節を修飾している「〜に」という文節を見つけ、「影響先」とする

実は、先ほど正規表現で、惜しくも関係を抽出できなかった文があります。その文は以下の文です。

> ウクライナ料理は、ポーランド・リトアニア・ルーマニア・ロシア・ユダヤなどの食文化に大きな影響を与えた

いかにも先ほどの正規表現で抽出できそうですが、CaboChaで係り受け解析してみると抽出できなかった原因がわかります。

```
$ echo "ウクライナ料理は、ポーランド・リトアニア・ルーマニア・ロシア・ユダヤなどの食文化
に大きな影響を与えた" | cabocha
  ウクライナ料理は、---------D
    ポーランド・リトアニア・ルーマニア・ロシア・ユダヤなどの-D    |
                                    食文化に-----D
                                        大きな-D |
                                          影響を-D
                                            与えた
```

正規表現を用いた方法で正しく抽出できなかったのは、「〜に」と「影響を」の間に、「大きな」という単語が入っていたからです。このような文の場合でも、「大きな」は「影響を」を修飾しているだけなので、上で示した係り受け解析結果を使った抽出手順を採れば、うまく抽出できそうであることがわかります。

また、正規表現を使ったときは、「影響元」「影響先」を表すテキストが始まる位置を決めるのが難しく、やや長めのテキストが抽出されていました。係り受け解析を使って関係を抽出する場合は、チャンクをそのまま「影響元」「影響先」として出力することができます。

それでは実際にプログラムを作成していきましょう。`src/sample_12_02.py`を新規に作成し、係り受け構造を用いて関係抽出を行う`extract_relation`関数と、そこで使う`find_child`関数を作成します（リスト12.2）。

リスト12.2 src/sample_12_02.py

```python
import sqlitedatastore as datastore
from annoutil import find_xs_in_y

def find_child(parent, chunks_in_sent, tokens_in_sent, text, all_chunks,
               child_cond):
```

```
        for child in chunks_in_sent:
            _, link = child['link']
            if link == -1 or all_chunks[link] != parent:
                continue
            child_tokens = find_xs_in_y(tokens_in_sent, child)
            if text[child['begin']:child['end']] in child_cond.get('text', []):
                return child, child_tokens
            if child_tokens[-1]['POS'] in child_cond.get('pos1', []) and ¥
                    child_tokens[-1]['lemma'] in child_cond.get('lemma1', []) and ¥
                    child_tokens[-2]['POS'] not in child_cond.get('pos2_ng', []):
                return child, child_tokens
        return None, None

def extract_relation(doc_id):
    text = datastore.get(doc_id, fl=['content'])['content']
    all_chunks = datastore.get_annotation(doc_id, 'chunk')
    all_tokens = datastore.get_annotation(doc_id, 'token')
    anno_id = 0
    for sent in datastore.get_annotation(doc_id, 'sentence'):
        chunks = find_xs_in_y(all_chunks, sent)
        tokens = find_xs_in_y(all_tokens, sent)
        for chunk in chunks:         ←———❶
            chunk_tokens = find_xs_in_y(tokens, chunk)
            if not any([chunk_token['lemma'] == '与える'   ←———❷
                        for chunk_token in chunk_tokens]):
                continue

            affect, affect_tokens = find_child(   ←——┐
                chunk, chunks, tokens, text, all_chunks,   ├—❸
                child_cond={ 'text': ['影響を'] })   ←——┘
            if affect is None:
                continue

            cause, cause_tokens = find_child(   ←——┐
                chunk, chunks, tokens, text, all_chunks,
                child_cond={
                    'pos1':    ['助詞'],
                    'lemma1':  ['は', 'も', 'が'],      ├—❹
                    'pos2_ng': ['助詞'],
                })   ←——┘
            if cause is None:
                continue

            effect, effect_tokens = find_child(   ←——┐
                chunk, chunks, tokens, text, all_chunks,
                child_cond={
                    'pos1':    ['助詞'],
                    'lemma1':  ['に'],                 ├—❺
                    'pos2_ng': ['助詞'],
                })   ←——┘
```

```
            if effect is None:
                continue

            relation = {  ◀─────────────────┐
                'cause': {                  │
                    'begin': cause['begin'],│
                    'end':   cause['end'],  │
                    'link': ('effect', anno_id),│──❻
                },                          │
                'effect': {                 │
                    'begin': effect['begin'],│
                    'end':   effect['end'], │
                }                           │
            }  ◀────────────────────────────┘

            anno_id += 1
            yield sent, relation
if __name__ == '__main__':
    datastore.connect()
    for doc_id in datastore.get_all_ids(limit=-1):
        text = datastore.get(doc_id, fl=['content'])['content']
        annotations = {}
        for sent, relation in extract_relation(doc_id):
            print('文書 {0:d} {1}'.format(doc_id, text[sent['begin']:sent['end']]))
            for anno_name, anno in relation.items():
                print('¥t{0}: {1}'.format(
                    anno_name, text[anno['begin']:anno['end']]))
                annotations.setdefault(anno_name, []).append(anno)
            print()
        for anno_name, annos in annotations.items():
            datastore.set_annotation(doc_id, anno_name, annos)
    datastore.close()
```

　それでは、リスト12.2のextract_relation関数を確認してみましょう。extract_relation関数では、引数で指定された文書ID内の文から、係り受け構造を用いてcauseとeffectの関係を抽出していきます。

　まず、文書中の文について、文内のチャンクを呼び出してfor文で回します（❶）。

　そして、chunkチャンクが「与える」という単語であるかどうかを調べます（❷）。これは動詞とのマッチングであるため、動詞が活用した場合もマッチするように、単語の原型（lemma）を呼び出すようにしています。動詞がマッチしたら、その子供のチャンクについて、その中身でどのアノテーションであるかを判別します。

　find_child関数は、条件に合う子供のチャンクを探します。係り受け構造の呼び出し方については、第4章を確認してください。チャンクの文字列が「影響を」と一致すればaffect変数に（❸）、末尾の単語が助詞の「が」「は」「も」のどれかであればcause変数に

（❹）、末尾の単語が助詞の「に」であればeffect変数に（❺）、それぞれ格納します。ただし、「には」のように助詞が連続して別の機能の助詞になる場合を外すため、causeとeffectは、助詞の手前の単語が助詞の場合には格納しないようにしています。

文中の全チャンクについて調査が終わったら、affect、cause、effectの3要素すべてが発見された場合のみ、関係が抽出されたとしてcauseとeffectアノテーションをrelation変数にまとめて出力します（❻）。

> **Memo**
> find_xs_in_y関数を何度も呼び出すと、プログラムの動作速度が低下してしまいます。sentence、chunk、tokenなどのよく使うアノテーションに関しては、データ構造を工夫して、アノテーション間の包含関係を保持しておき、計算コストをかけることなく、その文に含まれるchunkやtokenのリストを呼び出せるようにしておくとよいでしょう。

実行する前に以下のプログラムを実行して、テーブルにcauseおよびeffectという名前のカラムを追加しておきましょう。

```
$ python3
>>> import sqlite3
>>> conn = sqlite3.connect('sample.db')
>>> conn.execute("ALTER TABLE docs ADD COLUMN '%s' 'BLOB'" % 'cause')
>>> conn.execute("ALTER TABLE docs ADD COLUMN '%s' 'BLOB'" % 'effect')
>>> conn.close()
```

それでは、リスト12.2をコマンドラインから実行しましょう。成功すると、抽出結果が表示されます。

```
$ python3 src/sample_12_02.py
19世紀に於いてはラルフ・ワルド・エマーソンや隠遁者ヘンリー・デイヴィッド・ソロー、ウォルト・ホイットマンらの超越論哲学と、チャールズ・サンダース・パース、ウィリアム・ジェームズ、ジョン・デューイらのプラグマティズム哲学が主な潮流となり、特にウィリアム・ジェームズの純粋経験論は日本の西田幾多郎の初期西田哲学（『善の研究』）に大きな影響を与えている
    cause: ウィリアム・ジェームズの純粋経験論は
    effect: 日本の西田幾多郎の初期西田哲学（『善の研究』）に

シルエロ・カブラルは世界的に有名な幻想芸術家かつ彫刻家であり、エドゥアルド・マクリンティーレの幾何学的なデザインは1970年代以降の世界中の広告家に影響を与えた
    cause: エドゥアルド・マクリンティーレの幾何学的なデザインは
    effect: 1970年代以降の世界中の広告家に

また兵器産業も経済に大きな影響を与えている
    cause: 兵器産業も
    effect: 経済に
```

しかし他の欧州諸国と同じく単純化できるものではなく、ラテン人以外のイタリック人、エトルリア人、フェニキア人、古代ギリシャ人、ケルト系、ゲルマン系など多様な祖先が民族の形成に影響を与えている
　　　cause: ラテン人以外のイタリック人、エトルリア人、フェニキア人、古代ギリシャ人、ケルト系、ゲルマン系など多様な祖先が
　　　effect: 民族の形成に

イスラーム期に先立つアケメネス朝以降のこれらの帝国はオリエントの大帝国として独自の文明を発展させ、ローマ帝国やイスラム帝国に文化・政治体制などの面で影響を与えた
　　　cause: アケメネス朝以降のこれらの帝国は
　　　effect: ローマ帝国やイスラム帝国に

カトリック教会がエル・サルバドルの文化に大きな影響を与えている
　　　cause: カトリック教会が
　　　effect: エル・サルバドルの文化に

ギリシャの文化的及び技術的偉業は世界に大きな影響を与え、アレクサンドロス大王の遠征を通じて東洋に影響を受けヘレニズムが形成され、ローマ帝国及び後の東ローマ帝国への編入により西洋に大きな影響を与えた
　　　cause: ギリシャの文化的及び技術的偉業は
　　　effect: 西洋に

紀元前からギリシャは哲学や文化、芸術に様々な影響を与えてきた
　　　cause: ギリシャは
　　　effect: 哲学や文化、芸術に

クンビアはサルサ以前に汎ラテンアメリカ的な成功を収めてアメリカ合衆国にも進出し、今もラテンアメリカ諸国のポップスに大きな影響を与えている
　　　cause: 今も
　　　effect: ラテンアメリカ諸国のポップスに

バプテスト戦争（英語版）(1831 年 − 1832 年)は奴隷制度廃止法案（1833 年）（英語版）の成立に大きな影響を与えた
　　　cause: − 1832 年) は
　　　effect: 奴隷制度廃止法案（1833 年）（英語版）の成立に

ここで洋銀が金銀比価に影響を与えはじめた
　　　cause: 洋銀が
　　　effect: 金銀比価に

コルドバにもたらされたイブン・スィーナーやイブン・ルシュドのイスラーム哲学思想は、キリスト教徒の留学生によってアラビア語からラテン語に翻訳され、彼等によってもたらされたアリストテレス哲学はスコラ学に大きな影響を与えた
　　　cause: アリストテレス哲学は
　　　effect: スコラ学に

自然環境に依存した生活を営む住民が多いため、気候変動は住民の生活に直接的な影響を与えている
　　　cause: 気候変動は

  effect：住民の生活に

 今回の係り受け構造を用いた抽出結果を、正規表現を用いた抽出結果と比較してみましょう。

 1つ目の「純粋経験論」→「研究」という関係など、「大きな影響を」や「直接的な影響を」といった修飾語の付いたものが新しく抽出できるようになっています。また、間違って抽出されていた「ほとんど伝わらなかったが」→「…インド文化の諸方面に」と「よりほとんどが」→「…コスタリカ文化に」は、係り受け関係を考慮することによって抽出されなくなっています。さらに、チャンクをベースとして「影響元」「影響先」を抽出しているため、適度な長さと区切りで「影響元」「影響先」が抽出されていますね。

 Column 　　　　木構造に対するパターンマッチ

 リスト12.2のプログラムでは、チャンクのリンクを使って、依存関係の木構造をたどっています。

 プログラムで木構造をたどって、特定のパターンを見つけるのは大変です。文字列には、正規表現というツールがあって、あらかじめ決めたパターンにあてはまる文字列を取り出すことができましたね。そこで、木構造にも、正規表現のようなパターンマッチのツールがあると便利です。

 このような用途のために、スタンフォード大が **Tregex** というツールを開発しています。本書で開発してきたプログラムと組み合わせ使えるようにするにはなかなか大変なのですが、興味のある方は次のWebサイトから関連情報を調べてみましょう。

URL https://nlp.stanford.edu/software/tregex.html

著者らも、**StruAP**（Structure-based Absract Pattern）という方法を提案しています。

URL https://aclanthology.coli.uni-saarland.de/papers/D17-2006/d17-2006
URL http://aclweb.org/anthology/D17-2006

例えば、先ほどプログラムで抽出しようとした関係のパターンは

```
(.lemma= 与える
  (.case= は｜も｜が &.POS= 名詞 *)
  *
  (.case= に &.POS= 名詞 *)
  (.lemma= 影響 &.case= を *)
)
```

のような形で書くことができます。興味のある方は、ぜひ上記の論文を参照してみてください。

Column 抽出されるテキストを少し長くする

リスト12.2を実行してみると、「cause」「effect」として抽出されるテキストがやや短い、と思われるかもしれません。その場合は、以下の関数を追加してみてください。以下の関数により、同じ品詞の単語を先頭に持つ子のチャンクを連結することができます。

本章のプログラムの実行結果では、下記の関数を使った場合の結果を示しています。

```
def extend_phrase(chunk, chunk_tokens, tokens, all_chunks):
    def _extend(chunk, chunk_tokens):
        for child in all_chunks:
            _, link = child['link']
            if link == -1:
                continue
            if all_chunks[link] != chunk:
                continue
            child_tokens = find_xs_in_y(tokens, child)
            if child_tokens[0]['POS'] == chunk_tokens[0]['POS']:
                return [child] + _extend(child, child_tokens)
        return []

    phrase = [chunk] + _extend(chunk, chunk_tokens)
    return {
        'begin': min(phrase, key=lambda x: x['begin'])['begin'],
        'end':   max(phrase, key=lambda x: x['end'])['end'],
    }
```

上記の関数を使う場合は、relation = { ... }の直前で、

```
cause  = extend_phrase(cause,  cause_tokens,  tokens, all_chunks)
effect = extend_phrase(effect, effect_tokens, tokens, all_chunks)
```

とします。

12.6 抽出した関係をSolrに登録

それでは、関係のアノテーションをSolrへ登録し、検索可能にしておきましょう。今回は、アノテーションのデータであるため`anno`コアに登録します。

それぞれのアノテーションに対してSolr用のデータ構造を作成します。`affiliation`アノテーションと同様ですが、`cause`アノテーションの中身を格納する`cause_txt_ja`だけでなく、対応する`effect`アノテーションの中身を格納する`effect_txt_ja`というフィールドを追加します（リスト12.3）。

リスト12.3　src/sample_12_03.py

```python
import json

import sqlitedatastore as datastore
import solrindexer      as indexer
from annoutil import find_x_including_y


def create_index_data(doc_id, meta_info, anno_name, anno, i, sent, text):
    ref_anno_name, link = anno['link']
    ref_anno = datastore.get_annotation(doc_id, ref_anno_name)[link]
    data = {
        'id':                     '{0:d}.{1:s}.{2:d}'.format(doc_id, anno_name, i),
        'doc_id_i':               doc_id,
        'anno_id_i':              i,
        'name_s':                 anno_name,
        'sentence_txt_ja':        text[sent['begin']:sent['end']],
        anno_name + '_txt_ja':    text[anno['begin']:anno['end']],
        ref_anno_name + '_txt_ja': text[ref_anno['begin']:ref_anno['end']],
        'title_txt_ja':           meta_info['title'],
        'url_s':                  meta_info['url'],
    }
    return data


if __name__ == '__main__':
    datastore.connect()
    anno_name = 'cause'
    data = []
    for doc_id in datastore.get_all_ids(limit=-1):
        row = datastore.get(doc_id, fl=['content', 'meta_info'])
        text = row['content']
        meta_info = json.loads(row['meta_info'])
        sents = datastore.get_annotation(doc_id, 'sentence')
        for i, anno in enumerate(datastore.get_annotation(doc_id, anno_name)):
            sent = find_x_including_y(sents, anno)
            data.append(create_index_data(doc_id, meta_info,
                anno_name, anno, i, sent, text))

    # Solr への登録を実行
    indexer.load('anno', data)
    datastore.close()
```

コマンドラインから実行します。

```
$ python3 src/sample_12_03.py
{
  "responseHeader":{
```

```
      "status":0,
      "QTime":24}}

{
  "responseHeader":{
      "status":0,
      "QTime":15}}
```

実行できたら、登録結果を検索するプログラムも作成しましょう（リスト12.4）。

リスト12.4 src/sample_12_04.py

```python
import json
import solrindexer as indexer

if __name__ == '__main__':
    results = indexer.search_annotation(
        fl_keyword_pairs = [
            ('cause_txt_ja', [[' 気候変動 ']]), ('name_s', [['cause']])
        ]
    )
    print(json.dumps(results, indent=4, ensure_ascii=False))
```

こちらも、コマンドラインから実行してみます。登録された結果が表示されるはずです。

```
$ python3 src/sample_12_04.py
{
    "responseHeader": {
        "status": 0,
        "QTime": 0,
        "params": {
            "q": "(content_txt_ja:¥" 気候変動 ¥") AND (name_s:¥"cause¥")",
            "rows": "100",
            "wt": "json"
        }
    },
    "response": {
        "numFound": 1,
        "start": 0,
        "docs": [
            {
                "id": "91.cause.0",
                "doc_id_i": 91,
                "anno_id_i": 0,
                "name_s": "cause",
                "sentence_txt_ja": " 自然環境に依存した生活を営む住民が多いため、気候変動は住民の生活に直接的な影響を与えている ",
                "cause_txt_ja": " 気候変動は ",
```

```
            "title_txt_ja": " ソロモン諸島 ",
            "effect_txt_ja": " 住民の生活に ",
            "_version_": 1616544795110408194
          }
        ]
      }
}
```

12.7 抽出した関係を表示するWebアプリケーション

それでは最後に、本章でやってきたことのまとめとして、Webアプリケーションを作ってみましょう。

リスト12.5　src/sample_12_05.py

```python
import json

import bottle
import dbpediaknowledge
import solrindexer as indexer


@bottle.route('/')
def index_html():
    return bottle.static_file('sample_12_06.html', root='./src/static')


@bottle.route('/file/<filename:path>')
def static(filename):
    return bottle.static_file(filename, root='./src/static')


@bottle.get('/get')
def get():
    name = bottle.request.params.name
    keywords = bottle.request.params.keywords.split()
    keywords_expanded = [[keyword] + [synonym['term'] for synonym
                          in dbpediaknowledge.get_synonyms(keyword)]
                         for keyword in keywords]

    if keywords_expanded != []:
        fl_keyword_pairs = [(name + '_txt_ja', keywords_expanded)]
    else:
        fl_keyword_pairs = [('name_s', [[name]])]

    results = indexer.search_annotation(fl_keyword_pairs)
    return json.dumps(results, ensure_ascii=False)
```

```
if __name__ == '__main__':
    bottle.run(host='0.0.0.0', port='8702')
```

リスト12.6　src/static/sample_12_06.html

```
<div id="main">
  <input type="text" v-model="name"/> が
  <input type="text" v-model="keywords"/> であるものを探す <br/>
  all annotations: <input type="text" v-model="anno_names_str"/><br/>
  <button v-on:click="run">Search</button><br/>
  {{ result.numFound }} <br/>
  <table border=1 style="border-collapse: collapse">
    <tr v-show="result.docs">
      <th>doc_id</th>
      <th>title</th>
      <th v-for="(anno_name, _) in anno_names">
        {{ anno_name }}
      </th>
      <th>context</th>
    </tr>
    <tr v-for="(row, _) in result.docs">
      <td>{{ row.doc_id_i }}</td>
      <td>{{ row.title_txt_ja }}</td>
      <td v-for="(anno_name, _) in anno_names">
        {{ row[anno_name + '_txt_ja'] }}</td>
      <td>{{ row.sentence_txt_ja }}</td>
    </tr>
  </table>
</div>
<br/>

<script src="https://unpkg.com/vue"></script>
<script src="https://cdn.jsdelivr.net/npm/vue-resource@1.3.4"></script>
<script src="/file/sample_12_07.js"></script>
```

リスト12.7　src/static/sample_12_07.js

```
var main = new Vue({
  el: '#main',
  data: {
    name:            'cause',
    keywords:        '',
    anno_names_str: 'cause effect',
    anno_names:      [],
    result:          {},
  },
  methods: {
```

```
    run: function() {
      this.anno_names = this.anno_names_str.split(/¥s+/);
      this.$http.get(
        '/get',
        {'params': {
          'name':     this.name,
          'keywords': this.keywords,
        }},
      ).then(response => {
        this.result = response.body.response;
        console.log(this.result);
      }, response => {
        console.log('NG');
        console.log(response.body);
      });
    },
  }
});
```

それでは、コマンドラインから起動してみましょう。

```
$ python3 src/sample_12_05.py
```

Webブラウザーで、URL http://localhost:8702 にアクセスすると、**図12.3**のようなWebページが表示されます。

1つ目のテキスト入力欄に、検索対象のアノテーションの名前を入力します。デフォルトでは「cause」が入力されています。そのまま2つ目のテキスト入力欄も空のまま[Search]ボタンを押して検索すると、すべての「cause」の件数と内容が表になって表示されます。[all annotations]欄に「cause effect」と入力しているため、表には「cause」と一緒に対応する「effect」の内容も表示されています。

それでは、[keywords]欄に「文化」と入力して検索してみましょう。気候変動が原因でどのような影響が起こるかについての検索結果が表示されます。

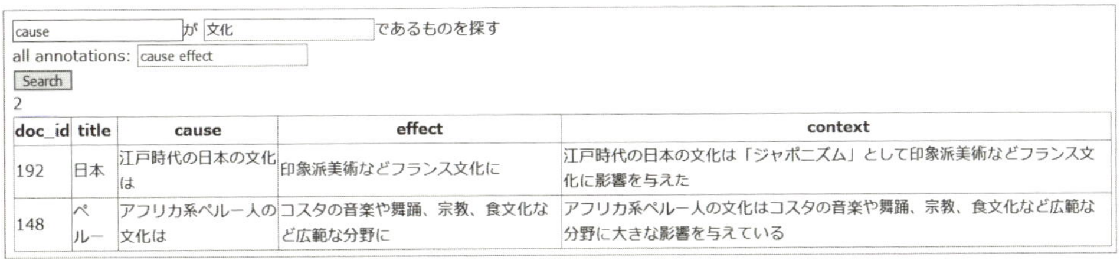
cause が 文化 であるものを探す
all annotations: cause effect
Search
2

doc_id	title	cause	effect	context
192	日本	江戸時代の日本の文化は	印象派美術などフランス文化に	江戸時代の日本の文化は「ジャポニズム」として印象派美術などフランス文化に影響を与えた
148	ペルー	アフリカ系ペルー人の文化は	コスタの音楽や舞踊、宗教、食文化など広範な分野に	アフリカ系ペルー人の文化はコスタの音楽や舞踊、宗教、食文化など広範な分野に大きな影響を与えている

図12.3 関係を検索するWebアプリケーションで「effect」に「気候変動」が含まれる文を検索

アノテーションがどのように付いているか、第6章で作ったWebアプリケーションで確認してみましょう。次のコマンドで、第6章で作成した「アノテーションを可視化するWebアプリケーション」を起動します。

```
$ python3 src/sample_06_08.py
```

Webブラウザーで、🔗 http://localhost:8702 にアクセスして、annotation namesのテキストフィールドに cause と effect を空白区切りで入力します。図12.4のように、causeとeffectのアノテーションが表示されるはずです。

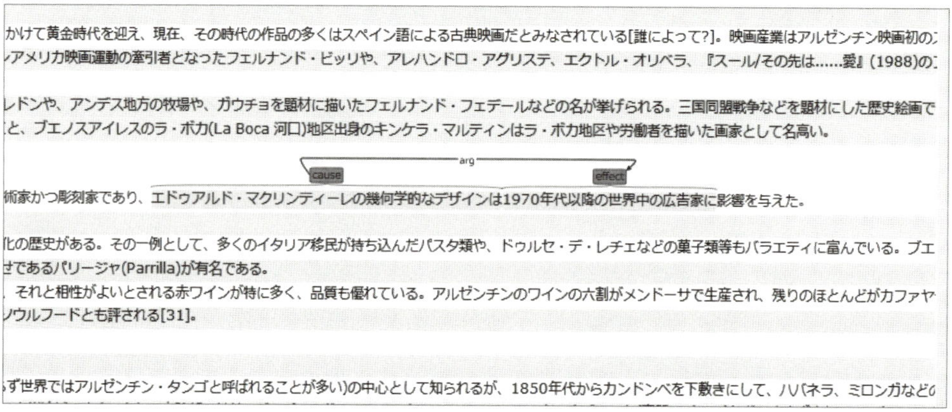

図12.4　関係のアノテーションを可視化

第13章

系列ラベリングに挑戦しよう

Theme

- CRF（Conditional Random Field、条件付き確率場）
- 系列ラベリング用の学習データ
- CRF++を用いた学習
- CRF++出力のアノテーションへの変換

13.1 系列ラベリングとその特徴

本章では、第5章で作成した大学・学会のアノテーションを、機械学習を用いて高精度化します。

図13.1に示すように、機械学習で付けなおしたアノテーションを第5章と同様に、Webアプリケーションで検索できるようにするのが本章のゴールです。

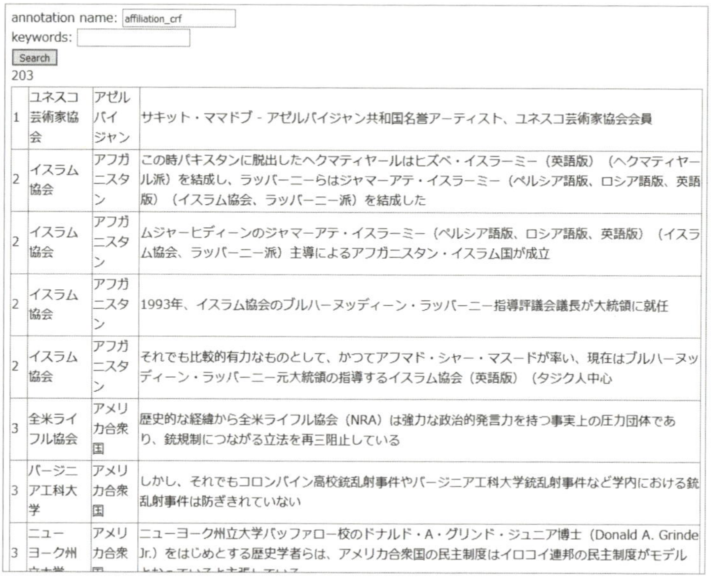

annotation name: affiliation_crf
keywords:
Search
203

1	ユネスコ芸術家協会	アゼルバイジャン	サキット・ママドブ - アゼルバイジャン共和国名誉アーティスト、ユネスコ芸術家協会会員
2	イスラム協会	アフガニスタン	この時パキスタンに脱出したヘクマティヤールはヒズベ・イスラーミー（英語版）（ヘクマティヤール派）を結成し、ラッバーニーらはジャマーアテ・イスラーミー（ペルシア語版、ロシア語版、英語版）（イスラム協会、ラッバーニー派）を結成した
2	イスラム協会	アフガニスタン	ムジャーヒディーンのジャマーアテ・イスラーミー（ペルシア語版、ロシア語版、英語版）（イスラム協会、ラッバーニー派）主導によるアフガニスタン・イスラム国が成立
2	イスラム協会	アフガニスタン	1993年、イスラム協会のブルハーヌッディーン・ラッバーニー指導評議会議長が大統領に就任
2	イスラム協会	アフガニスタン	それでも比較的有力なものとして、かつてアフマド・シャー・マスードが率い、現在はブルハーヌッディーン・ラッバーニー元大統領の指導するイスラム協会（英語版）（タジク人中心
3	全米ライフル協会	アメリカ合衆国	歴史的な経緯から全米ライフル協会（NRA）は強力な政治的発言力を持つ事実上の圧力団体であり、銃規制につながる立法を再三阻止している
3	バージニア工科大学	アメリカ合衆国	しかし、それでもコロンバイン高校銃乱射事件やバージニア工科大学銃乱射事件など学内における銃乱射事件は防ぎきれていない
3	ニューヨーク州	アメリカ合衆	ニューヨーク州立大学バッファロー校のドナルド・A・グリンド・ジュニア博士（Donald A. Grinde Jr.）をはじめとする歴史学者らは、アメリカ合衆国の民主制度はイロコイ連邦の民主制度がモデル

図13.1 CRFで付与したアノテーションを検索するWebアプリケーション

第5章では、Wikipediaの国に関するページに対して、大学名や学会名が書かれている部分を特定し、その文字列の部分にアノテーションを付与しました。これは連続する単語列の中で、ある場所からある場所までに、**affiliation**というラベルを付与していることになります。

　このようなタスクは、**系列ラベリング**（Sequential Labelling）の一種と考えることができます。系列ラベリングでは、データ列を入力とし、それぞれのデータに対するラベルが出力になります。

　図13.2では、データ列として単語列が与えられ、それぞれの単語に対して、大学名の一部か、そうでないかが出力されることを表しています。

図13.2　系列ラベリング

　系列ラベリングでは、長い単語列が入力され、その中で、一部の連続する単語をひとまとまりにして1つのラベルを付与する、と考えるとわかりやすいでしょう。この「連続する」というのが系列ラベリングの特徴的な部分です。一つ一つに個別にラベルを付けるのではなく、連続性に注意しながら、ラベルを付けていきます。

　最初に「データ列」と一般的に書いたように、入力は必ずしも単語列である必要はありません。文を1つのデータの塊として、文の列を入力のデータ列とする応用もあります。本章では、入力を単語列に限定して説明していきます。

　本章では、系列ラベリングを解く機械学習手法としてCRF（Conditional Random Field、条件付き確率場）を使います。実は第4章で係り受け解析のソフトウェアであるCaboChaをインストールしたときに、系列ラベリング用の機械学習ソフトウェアであるCRF++をすでにインストールしています。そこで本章では、大学・学会のアノテーションを付与する問題を系列ラベリングととらえて、CRF++を用いてアノテーションを付与していきます。

　まず系列ラベリング用の学習データを準備し、それを用いてCRF++で学習して、図13.2に示すような単語列に対して大学名の一部かそうでないかを出力するようなモデルを作成します。その後、学習で得られたモデルを用いて、テキストに対してアノテーションを付与します。

13.2 系列ラベリングの用途

　系列ラベリングは、自然言語処理の基礎的な部分で使われることが多いです。例えば、単語ごとの品詞を推定するのに使われます。この場合、単語列を入力として、品詞の列をラベル列として推定します。

　またテキストを文節に区切るのにも使われます。文節を区切るのと似ていますが、構文解析の一つである句構造解析において、名詞句や動詞句、形容詞句などの句単位の構造を推定するのにも使われます。これらの用途においては、単語列を入力として、それぞれの文節や句が、どこから始まってどこで終わっているのかを推定します。

　もう少し応用に近い領域では、テキストから固有表現を抽出するのに使われます。大学名や学会名も固有表現の一つなので、本章で行うのはこれに近いものだといえます。この場合は、単語列を入力とし、固有表現がどこから始まってどこで終わっているかを推定します。業界に固有の専門用語がテキスト中のどこで使われているかを特定したい場合に使うことができます。

　これが特定できると、検索するときに便利なことがあります。通常は辞書や正規表現を使って文字列マッチで特定することができますが、第5章で見たような問題で精度を向上させたい場合に、系列ラベリングの手法を使うことができます。

　固有表現以外にも、テキストから特定の動作や、特定の事象を表す表現を抽出するのにも使われます。

13.3 CRF（条件付き確率場）

　第5章で付与した大学・学会アノテーションをよく見てみると、間違いが結構あることがわかります。精度を向上させる方法の一つは、5.7節でも少し試してみたとおり、大学名や学会名が開始するときのパターンを考えて、正規表現などでルールを書いておくことが挙げられます。

　しかし手作業でさまざまなパターンに対応できるようにルールを書いておくのは、なかなか大変な作業であり、「あちらを立てればこちらが立たず」というようなことが頻発します。そこで、手っ取り早く精度を上げるための方法が、機械学習を使う方法です。

　あらかじめ正解となるデータを作成しておけば、その正解となるデータに合わせて機械学習がラベルを付与する基準を最適化してくれます。人はあらかじめすべての大学名を知っていなくても、テキストの文字列上のパターンから、ここが大学名だ、と推測することができます。イメージとしては、その推測している法則を、人が作成した学習データから機械学習が自動で学習するという感じです。

ただ機械学習を使うのにデメリットもあります。手作業で正解となるデータを大量に作成する必要があることや、またラベルの出力基準がデータから自動で学習されるため出力の微調整が難しいことなどです。

　本章では、機械学習手法の一つである **CRF**（Conditional Random Field：条件付き確率場）を使って、系列ラベリングの問題を解いていきます。

CRFの概念図

　図13.3にCRFの概念図を示します。CRFでは、単語やラベルを確率変数とみなして、その確率変数同士の相関で、ラベル列が付与される確率をモデル化しています。厳密な説明には、統計の専門的な知識が必要なため、以下では概念図に従って、直感的な説明をするにとどめます。

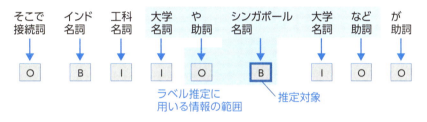

図13.3　CRFの概念図

　CRFでは、ラベリング対象の単語だけでなく、その前後の単語の情報も使ってラベルを推定します。単語の文字列だけでなく、品詞やその他の情報もラベルの推定のための特徴量とすることができます。また、**CRF++** では、ラベリング対象の一つ前の推定ラベルとの関連性も考慮してラベルを推定します。これに関しては、あとでCRF++の特徴量を作るときに、もう少し説明します。出力は、開始を表すB（beginning）、続きを表すI（inside）、それ以外を表すO（outside）の3種です。これらは**IOBタグ**と呼ばれています。図13.3の例では、「インド」や「シンガポール」は大学名の始まりの単語なので、「B」のラベルが付いています。「工科」「大学」などは、大学名の続きを構成する単語なので「I」のラベルが付いています。

13.4 系列ラベリング用の学習データ

それではCRF++の学習用のデータを作成しましょう。作成する学習データは次のようなものです。

```
...
アーティスト      名詞    O
、               記号    O
ユネスコ          名詞    B-affiliation
芸術             名詞    I-affiliation
家               名詞    I-affiliation
協会             名詞    I-affiliation
会員             名詞    O
...
[ 中略 ]
...
)               記号    O
(               記号    O
イスラム          名詞    B-affiliation
協会             名詞    I-affiliation
、               記号    O
...
```

　1行に1単語が書かれ、文の区切りには空行が入っています。大学名・学会名を構成する部分の最初の単語の行の末尾には、**B-affiliation**と書かれています。これは、この単語から大学名・学会名が始まることを意味します。続く単語の行の末尾には、**I-affiliation**と書かれており、大学名・学会名を構成する単語であることを意味します。Oは、それ以外の単語です。

　Oや、**B-affiliation**、**I-affiliation**などが、CRF++が学習するラベルです。学習の設定によっては、品詞の情報はなくても大丈夫ですし、品詞以外の情報を加えることもできます。

　それでは学習用データを作成していきます。何もないところから作成するのは大変なので、ここではまず、第5章で作成したアノテーションを、CRF++の学習データの形式で出力します。このデータには間違いが含まれているはずなので、それを手作業で修正して学習用データにします。

　機械学習は、人が与えた学習用データの出力をまねるように学習します。そのため、機械学習のお手本となるデータを準備する必要があります。この学習用データは、時に手作業で作成する必要があります。今回も、手作業で学習用データを作成します。

アノテーションをもとにデータを出力する

それでは、第5章で作成したアノテーションをCRF++の学習用データの形式で出力してみます。**リスト13.1**がそのプログラムです。

リスト13.1　src/sample_13_01.py

```
import sqlitedatastore as datastore
from annoutil import find_x_including_y, find_xs_in_y

if __name__ == '__main__':
    datastore.connect()
    anno_name = 'affiliation'

    for doc_id in datastore.get_all_ids(limit=-1):
        row = datastore.get(doc_id, fl=['content'])
        text = row['content']
        sentences = datastore.get_annotation(doc_id, 'sentence')
        tokens = datastore.get_annotation(doc_id, 'token')
        annos = datastore.get_annotation(doc_id, anno_name)
        for sentence in sentences:          ←①
            annos_in_sentence = find_xs_in_y(annos, sentence)   ←②
            if annos_in_sentence == []:
                continue
            prev = False
            for token in find_xs_in_y(tokens, sentence):   ←③
                if find_x_including_y(annos_in_sentence, token) is None:
                    prev = False
                    print('{0}\t{1}\t{2}'.format(
                        text[token['begin']:token['end']], token['POS'], 'O'))
                else:
                    if prev:
                        print('{0}\t{1}\tI-{2}'.format(
                            text[token['begin']:token['end']], token['POS'],
                            anno_name))
                    else:
                        print('{0}\t{1}\tB-{2}'.format(
                            text[token['begin']:token['end']], token['POS'],
                            anno_name))
                    prev = True
            print()   # 文の区切り
    datastore.close()
```

リスト13.1の中を確認してみましょう。

まず、sentencesでforループを回しているところ（①）に注目します。はじめに、find_xs_in_y関数でsentenceアノテーションの範囲に含まれるaffiliationアノテーションの配列を取得しています（②）。これは1文ごとに、その文に含まれる大学・学会名

アノテーションを取り出していることを意味しています。続いて、再度`find_xs_in_y`関数を使って、その文に含まれる単語の配列を取得して`for`ループを回しています（❸）。`for`ループの中では、`find_x_including_y`関数を用いて、大学・学会名アノテーションがその単語を含んでいるかどうかを判定し、含んでいない場合は`0`を出力し、含んでいる場合は、先頭ならば`B-affiliation`を、それ以外では`I-affiliation`を出力しています。

それでは、以下のコマンドで実行して、CRF++の学習用データの形式で大学・学会アノテーションを出力してみましょう。

```
$ python3 src/sample_13_01.py | nkf -Lw -s > result/crf_train.raw.sjis.tsv
```

ここで、出力されたファイルをWindowsのExcelで開けるように、Linuxの`nkf`コマンドで、改行コードと文字コードを変換しています。`-Lw`が改行コードをWindows用に変換するためのオプションで、`-s`が文字コードをシフトJISに変換するためのオプションです。出力された`result/crf_train.orig.tsv`をExcelなどで開いて確認してみましょう。下記のような形式のデータになっているはずです。先ほど説明したように、1行に1単語が書かれ、文の区切りには改行が入っています。1行には、単語と品詞とラベルがタブ区切りで書かれています。

```
サキット・ママドブ    名詞    0
-                名詞    0
アゼルバイジャン      名詞    0
共和              名詞    0
国                名詞    0
名誉              名詞    0
アーティスト         名詞    0
、                記号    0
ユネスコ           名詞    B-affiliation
芸術              名詞    I-affiliation
家                名詞    I-affiliation
協会              名詞    I-affiliation
会員              名詞    0
...
[中略]
...
英語              名詞    B-affiliation
版                名詞    I-affiliation
)                記号    I-affiliation
(                記号    I-affiliation
イスラム           名詞    I-affiliation
協会              名詞    I-affiliation
、                記号    0
...
```

学習用データの作成

さて、ここからは`result/crf_train.raw.sjis.tsv`を手作業で編集して学習用データを作成していきます。`result/crf_train.raw.sjis.tsv`は第5章で開発したプログラムにより生成されたアノテーションで、間違いが含まれています。それを手で修正していくわけです。

学習用データがWebから簡単に手に入る場合は楽ですが、自分だけの機械学習モデルを生成する場合には、このような地道な作業が必要になることもあります。

先ほどの出力例であれば、「英語」「版」「)」「(」の行のラベルを「B-affiliation」ないし「I-affiliation」から「O」に修正し、「イスラム」の行のラベルを「I-affiliation」から「B-affiliation」に修正します。Excelのフィルター機能を使うと、多少は効率的に作業できるでしょう。

```
...
サキット・ママドブ        名詞    O
-                      名詞    O
アゼルバイジャン          名詞    O
共和                    名詞    O
国                     名詞    O
名誉                    名詞    O
アーティスト              名詞    O
、                     記号    O
ユネスコ                 名詞    B-affiliation
芸術                    名詞    I-affiliation
家                     名詞    I-affiliation
協会                    名詞    I-affiliation
会員                    名詞    O
...
[中略]
...
英語                    名詞    O
版                     名詞    O
)                     記号    O
(                     記号    O
イスラム                 名詞    B-affiliation
協会                    名詞    I-affiliation
、                     記号    O
...
```

出来上がったファイルを`data/crf_train.all.sjis.tsv`として保存します。

最後に、以下のコマンドで改行コードと文字コードをLinux用に戻しておきましょう。

```
$ nkf -Lu -w data/crf_train.all.sjis.tsv > data/crf_train.all.tsv
```

13.5 CRF++ を用いた学習

CRFの概要についてはすでに説明したので、早速、学習用のセットアップをしていきましょう。CRF++ではテンプレートを使ってCRFの特徴量のデータを生成することができます。まずそのテンプレートを作成します。

以下がテンプレートファイル（data/crf_template）です。

```
U00:%x[0,0]
U01:%x[1,0]
U02:%x[2,0]
U03:%x[3,0]
U04:%x[-1,0]
U05:%x[-2,0]

U10:%x[0,1]
U11:%x[1,1]
U12:%x[2,1]
U13:%x[3,1]
U14:%x[-1,1]
U15:%x[-2,1]

B
```

先ほど作成した学習用データの「ユネスコ」の行を想定しましょう。ここで、「ユネスコ」のラベルを推定するとき、テンプレートファイルの各行は、以下を特徴量とすることを表しています。

表 13.1 テンプレートと特徴量

テンプレート	特徴量にするもの
U00:%x[0,0]	ユネスコ
U01:%x[1,0]	芸術
U02:%x[2,0]	家
U03:%x[3,0]	協会
U04:%x[-1,0]	、
U05:%x[-2,0]	アーティスト
U10:%x[0,1]	名詞
U11:%x[1,1]	名詞
U12:%x[2,1]	名詞
U13:%x[3,1]	名詞
U14:%x[-1,1]	記号
U15:%x[-2,1]	名詞

xのカギカッコの中の最初の数字は現在の単語からの相対位置を表し、2つ目の数字は学習データの中の何列目かを表します。U00のコロンより前の部分は、1文字目をUにして、数字はすべて異なるものにしておきましょう。これらの情報を使って、「ユネスコ」のラベル（B-affiliation/I-affiliation/O）を推定する、ということを意味します。

　テンプレートファイルの末尾にはBと書かれています。これは、CRFの理論を数式レベルで理解していないと、正確に意味を理解するのが難しい項目です。誤解を恐れず概要を述べると「Bをテンプレートファイルに加えることで、出力されるラベルの相関も考慮してラベルを推定するようになる」ということです。

　CRF++では、1つ前のラベルのみを参照します。例えば「ユネスコ」であれば、1つ前の「、」に対して、推定するラベルが何であるかを考慮して、「ユネスコ」のラベルが決まります。より厳密には、CRFでは前から順にラベルを推定していくのではなく、単語列に対するラベルを同時に推定します。そのため、「ラベルの相関を考慮する」と表現しています。これにより、「B-affiliationの前はOになりやすい」とか「I-affiliationの前はOにはならない」などの特徴を特徴量に取り込めるようになります。

　続いて、先ほど作成した学習用データから前半5000行ぐらいを切り出して、data/crf_train.5000.tsvのような名前で保存しましょう。

　それでは、いよいよ次のコマンドで学習を行います。

```
$ crf_learn data/crf_template data/crf_train.5000.tsv result/crf_model
CRF++: Yet Another CRF Tool Kit
Copyright (C) 2005-2013 Taku Kudo, All rights reserved.

reading training data: 100..
Done!0.02 s

Number of sentences: 140
Number of features:  20475
Number of thread(s): 4
Freq:                1
eta:                 0.00010
C:                   1.00000
shrinking size:      20
iter=0 terr=0.97017 serr=1.00000 act=20475 obj=5340.35434 diff=1.00000
iter=1 terr=0.08023 serr=0.82857 act=20475 obj=1720.18362 diff=0.67789
iter=2 terr=0.08023 serr=0.82857 act=20475 obj=1521.75163 diff=0.11536
```

　result/crf_modelというファイルができているはずです。それが、学習して生成されたモデルファイルです。

それでは次のコマンドで、学習したモデルを使ってラベル付けをしてみましょう。

```
$ crf_test -m result/crf_model data/crf_train.all.tsv | nkf -Lw -s > result/crf_evaluation.sjis.tsv
```

出力された`result/crf_evaluation.sjis.tsv`を、Excelで開いて確認してみましょう。新たに加えられた4列目がCRFにより推定されたラベルです。5001行目以降は学習に使っていない部分なので、5001行目以降を見ると、未知のデータに対してどのくらい正確にラベル付けできているかがわかります。

13.6 CRF++の出力のアノテーションへの変換

それではCRF++で学習したモデルでアノテーションを生成し、それをSQLiteに書き込んでみましょう。

まずCRF++の入力となるファイルを作成します。続いて、学習して得られたモデルを使って、そのファイルのデータに対してラベル付けを行い、別のファイルに出力します。その後、SQLiteに元のデータとの対応を取りながら書き込んでいきます。

リスト13.2がCRF++の入力となるファイルを作成するプログラムです。

リスト13.2　src/sample_13_02.py

```python
import sqlitedatastore as datastore
from annoutil import find_xs_in_y

if __name__ == '__main__':
    datastore.connect()
    for doc_id in datastore.get_all_ids(limit=-1):
        row = datastore.get(doc_id, fl=['content'])
        text = row['content']
        sentences = datastore.get_annotation(doc_id, 'sentence')
        tokens = datastore.get_annotation(doc_id, 'token')
        for sentence in sentences:
            for token in find_xs_in_y(tokens, sentence):
                print('{0}\t{1}\t{2}\t{3}\t{4}'.format(
                    text[token['begin']:token['end']],
                    token['POS'], doc_id, token['begin'], token['end']))
            print()  # 文の区切り
    datastore.close()
```

リスト13.2は、リスト13.1を簡略化したプログラムです。第5章で付与したアノテーションを出力しない代わりに、あとでSQLiteに書き込みやすいように文書IDと各単語の開始位

置・終了位置を出力しています。

以下のコマンドを実行して、CRF++の入力ファイルを作成します。

```
$ python3 src/sample_13_02.py > result/crf_input.tsv
```

続いて、次のコマンドで、学習して得られたモデルを用いてラベル付けを行います。

```
$ crf_test -m result/crf_model result/crf_input.tsv > result/crf.affiliation.tsv
```

`result/crf.affiliation.tsv`を開くと、最後の列にCRF++で付与されたラベルがあるはずです。

さて、CRF++で付与されたラベルをもとに、アノテーションデータを作成して、SQLiteに格納します。先に以下のプログラムを実行して、テーブルに`affiliation_crf`という名前のカラムを追加しておきます。

```
$ python3
>>> import sqlite3
>>> conn = sqlite3.connect('sample.db')
>>> name = 'affiliation_crf'
>>> conn.execute("ALTER TABLE docs ADD COLUMN '%s' 'BLOB'" % name)
>>> conn.close()
```

リスト13.3が、CRF++で付与されたラベルをもとにアノテーションデータを作成して、SQLiteに格納するプログラムです。

リスト13.3 src/sample_13_03.py

```
import sys

import sqlitedatastore as datastore

if __name__ == '__main__':
    datastore.connect()
    anno_dict = {}
    begin = None
    last = {'label': 'E'}
    for line in sys.stdin:          # ←①
        pair = line.rstrip().split('\t')   # ←②
        if len(pair) != 6:          # ←③
            cur = {
                'label': 'E'   # 文末
            }
```

13.6　CRF++の出力のアノテーションへの変換　267

```
        else:  ←─── ❹
            cur = {
                'id':       int(pair[2]),
                'begin':    int(pair[3]),
                'end':      int(pair[4]),
                'label':    pair[5][0],  # １文字目のみ取得
            }

        if last['label'] in ['B', 'I'] and cur['label'] in ['B', 'O', 'E']:  ←─── ❺
            anno_dict.setdefault(last['id'], []).append({
                'begin':    begin,
                'end':      last['end']
            })
        elif last['label'] in ['O', 'E'] and cur['label'] == 'I':  ←─── ❻
            cur['label'] = 'O'

        if cur['label'] == 'B':  ←─── ❼
            begin = cur['begin']

        last = cur

    for doc_id, annos in anno_dict.items():  ←─── ❽
        datastore.set_annotation(doc_id, 'affiliation_crf', annos)

    datastore.close()
```

リスト13.3の中を見ていきましょう。

プログラム中には、現在の単語の情報を持つ cur と、1つ前の単語の情報を持つ last、そしてアノテーションの開始位置を表す begin という3つの変数があります。

標準入力に対し、1行ごとに for ループを回します（❶）。for ループの中では、まず1行をタブで分割し（❷）、6列なければ文末と判定します（❸）。そうでない場合は、単語の情報を cur に保持します（❹）。

次に、単語のラベルを見て処理を分けていきますが、B-affiliation や I-affiliation などのラベルは先頭の1文字だけを使い、BやIとしている点に注意しておいてください。

1つ前の単語のラベルがBまたはIであり、かつ現在の単語のラベルがBまたはOまたはEの場合は、そこでアノテーションが切れていると判定して、SQLiteに書き込むアノテーションデータを生成します（❺）。

一方、1つ前の単語のラベルがOまたはEであり、かつ現在の単語のラベルがIの場合は、アノテーションがBから始まっていない場合なのでラベルをOに修正します（❻）。

現在の単語ラベルがBの場合は、begin を更新します（❼）。

これを標準入力のすべての行に対して実行し、最後に set_annotation でSQLiteにアノテーションデータを書き込みます（❽）。

それでは実際に、SQLiteに書き込んでみましょう。まず次のコマンドでプログラムを実行し、SQLiteに書き込みます。

```
$ python3 src/sample_13_03.py < result/crf.affiliation.tsv
```

これで、CRF++で作成したアノテーションをSQLiteに格納し、これまでと同様に使えるようになりました。

13.7 CRF++で付けたアノテーションをSolrで検索する

それでは本章のまとめとして、CRF++で付けたアノテーションをSolrで検索できるようにし、Webアプリケーションから呼び出せるようにしましょう。

まず、リスト5.2（src/sample_05_02.py）とリスト9.3（src/sample_09_03.py）の変数anno_nameを

```
anno_name = 'affiliation_crf'
```

とし、それぞれ実行してみましょう。次のコマンドで、リスト5.2を実行し、SQLiteに格納したアノテーションを確認できます。

```
$ python3 src/sample_05_02.py
```

正しくアノテーションが格納されていたら、次のコマンドでリスト9.3を実行して、Solrに登録しましょう。

```
$ python3 src/sample_09_03.py
```

ここで第9章で開発した検索アプリを動かしてみて、アノテーションが検索できるかを確認してみましょう。

まず、サーバーサイドのプログラムを起動します。

```
$ python3 src/sample_09_12.py
```

ブラウザーで URL http://localhost:8702 にアクセスして、annotation nameのテキストフィールドにaffiliation_crfを入力し、検索してみましょう。図13.4のように、検索結果が表示されれば成功です。

annotation name: affiliation_crf
keywords:
Search
203

1	ユネスコ芸術家協会	アゼルバイジャン	サキット・ママドブ - アゼルバイジャン共和国名誉アーティスト、ユネスコ芸術家協会会員
2	イスラム協会	アフガニスタン	この時パキスタンに脱出したヘクマティヤールはヒズベ・イスラーミー（英語版）（ヘクマティヤール派）を結成し、ラッバーニーらはジャマーアテ・イスラーミー（ペルシア語版、ロシア語版、英語版）（イスラム協会、ラッバーニー派）を結成した
2	イスラム協会	アフガニスタン	ムジャーヒディーンのジャマーアテ・イスラーミー（ペルシア語版、ロシア語版、英語版）（イスラム協会、ラッバーニー派）主導によるアフガニスタン・イスラム国が成立
2	イスラム協会	アフガニスタン	1993年、イスラム協会のブルハーヌッディーン・ラッバーニー指導評議会議長が大統領に就任
2	イスラム協会	アフガニスタン	それでも比較的有力なものとして、かつてアフマド・シャー・マスードが率い、現在はブルハーヌッディーン・ラッバーニー元大統領の指導するイスラム協会（英語版）（タジク人中心
3	全米ライフル協会	アメリカ合衆国	歴史的な経緯から全米ライフル協会（NRA）は強力な政治的発言力を持つ事実上の圧力団体であり、銃規制につながる立法を再三阻止している
3	バージニア工科大学	アメリカ合衆国	しかし、それでもコロンバイン高校銃乱射事件やバージニア工科大学銃乱射事件など学内における銃乱射事件は防ぎきれていない
3	ニューヨーク州	アメリカ合衆	ニューヨーク州立大学バッファロー校のドナルド・A・グリンド・ジュニア博士（Donald A. Grinde Jr.）をはじめとする歴史学者らは、アメリカ合衆国の民主制度はイロコイ連邦の民主制度がモデル

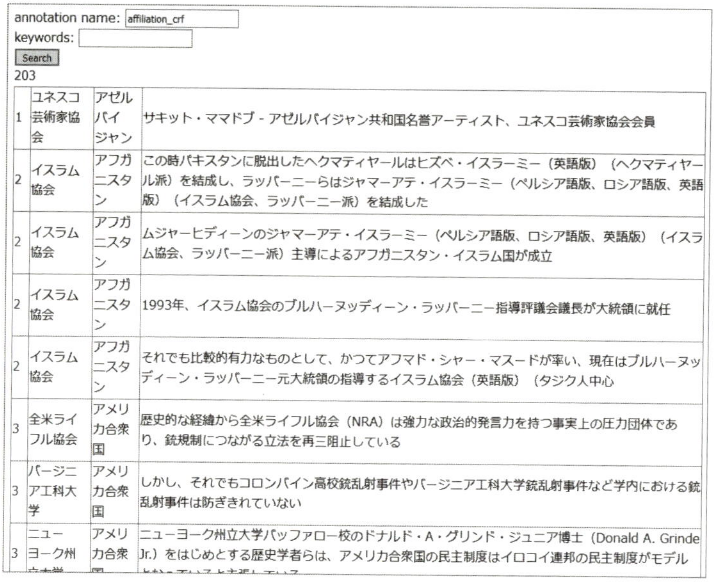

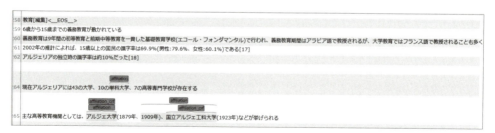

図13.4　CRF++で付与したアノテーションを検索した結果

最後に、正規表現で付与したアノテーションとCRF++で付与したアノテーションを比較してみましょう。次のコマンドで、第6章で作成した「アノテーションを可視化するWebアプリケーション」を起動します。

```
$ python3 src/sample_06_08.py
```

`annotation names`のテキストフィールドに`affiliation`と`affiliation_crf`を空白区切りで入力すると、2つの違いを可視化することができます。

図13.5　正規表現で付与したアノテーションとCRF++で付与したアノテーションの比較

付録

Theme
- Wikipediaダンプデータ
- PDF・Word・Excel形式のデータ

A.1 Wikipediaのダンプデータを使う

　Wikipediaには、ある程度の量と質のテキストデータがほぼ同じ形式で保存されています。そのため、自然言語処理のデータとして使いやすいものの一つだといえるでしょう。例えば、第8章で用いたWord2Vecのモデルも Wikipediaのテキストデータから学習されています。

ダンプデータのダウンロード

　まず、以下のURLからダンプデータをダウンロードしましょう。

　URL https://ja.wikipedia.org/wiki/Wikipedia:データベースダウンロード

　［ウィキペディア日本語版のダンプ］リンク（ URL https://dumps.wikimedia.org/jawiki/）からファイル一覧を開き、最新版である`latest`フォルダーの`jawiki-latest-pages-articles.xml.bz2`をダウンロードします。ファイルサイズが大きいため、ダウンロードには時間がかかります。筆者の環境では2時間以上かかりました。

テキストデータを取り出す

　Wikipediaダンプデータからテキストを取り出すには、**wikiextractor**（ URL https://github.com/attardi/wikiextractor）を使うことができます。

　まずは、以下のコマンドでwikiextractorを**packages**フォルダー以下にダウンロードしておきましょう。

```
$ cd packages
$ git clone https://github.com/attardi/wikiextractor.git
```

　さらに以下のコマンドを実行すると、bz2ファイルから記事の本文を取り出したファイルがresult/wikipedia_textフォルダーの下に作成されます。こちらも時間がかかる作業です。

```
$ mkdir result/wikipedia_text
$ python2 packages/wikiextractor/WikiExtractor.py -s -b 500K -o result/↵
    wikipedia_text/ data/jawiki-latest-pages-articles.xml.bz2
INFO: Loaded 0 templates in 0.0s
INFO: Starting page extraction from packages/jawiki-latest-pages-articles.xml.bz2.
INFO: Using 31 extract processes.
INFO: 5       アンパサンド
INFO: 10      言語
INFO: 11      日本語
INFO: 14      EU（曖昧さ回避）
INFO: 12      地理学
...
INFO: Finished 31-process extraction of 1126833 articles in 1159.0s (972.3 art/s)
```

　出力ファイルは、-bオプションで指定した大きさ以下のXMLファイルに分割されています。

```
$ ls result/wikipedia_text
AA  AB  AC  AD  AE  AF  AG  AH  AI ...
$ ls result/wikipedia_text/AA
wiki_00 wiki_01 wiki_02 wiki_03 wiki_04 wiki_05 wiki_06 wiki_07 wiki_08 wiki_09 ...
```

　作成されたファイルは、複数のWikipediaの記事が1つのファイルにまとまっています。それらのファイル中では、それぞれの記事は<doc>タグで囲まれています。

　<doc>タグの中身も、ブラウザーからWebページを直接保存したときとは形式が変わっているため、src/scrape.pyのscrape関数を変更する必要があります。例えば、以下のような関数を準備することになります。

リストA.1　src/scrape.py

```python
def scrape_wikipedia_dump(html):
    soup = BeautifulSoup(html, 'html.parser')
    for doc in soup.find_all(['doc']):
        # 本文の抽出
        text = ''
        for line in doc.text.split('\n'):
            line = line.strip()
```

```
            if len(line) > 0:
                text += line
                if line[-1] not in ['。', '！']:
                    text += '<__EOS__>'
                text += '\n'
        # タイトルの抽出
        title = doc['title']
        yield cleanse(text), cleanse(title)
```

スクレイピングを行う関数が1つの引数に対して複数の記事を返すようになったため、この関数を実行するプログラムの呼び出し方も変更になります（リストA.2）。

リストA.2 src/sample_03_04_wikipedia_dump.py

```python
import glob
import json
import urllib.parse

import scrape
import sqlitedatastore as datastore

if __name__ == '__main__':
    datastore.connect()
    values = []
    for filename in glob.glob('./result/wikipedia_text/*/wiki_*'):
        with open(filename) as fin:
            html = fin.read()
            for text, title in scrape.scrape_wikipedia_dump(html):
                url = 'https://ja.wikipedia.org/wiki/{0}'.format(
                    urllib.parse.quote(title))
                values.append((text, json.dumps({'url': url,
                                                 'title': title})))
    datastore.load(values)

    print(list(datastore.get_all_ids(limit=-1)))
    datastore.close()
```

PDF、Wordファイル、Excelファイルを使う

　PDF、Wordファイル、Excelファイルは、**Apache Tika**を使うことでHTMLファイルに変換することができます。HTMLファイルに変換したあとは、本文でHTMLファイルを扱った方法と同じようにテキストデータを取り出すことができます。

　以下のページから`tika-app-1.19.1.jar`をダウンロードします。**1.19.1**の部分はバージョンを表しています。執筆時点では`tika-app-1.19.1.jar`が最新版でした。

　URL https://tika.apache.org/download.html

　jarファイルはどこに置いても構いませんが、今回は**packages**フォルダーの下に置きましょう。

 ### Apache Tikaを使う

　Apache Tikaの使い方は簡単です。以下のコマンドで`data/file.pdf`というPDFファイルを`data/pdffile.html`というHTMLファイルに変換できます。

```
$ cat data/file.pdf | java -jar packages/tika-app-1.19.1.jar
    --html --encoding=utf-8 > data/pdffile.html
```

　Wordファイル、Excelファイルも同様に、HTMLファイルへと変換できます。

```
$ cat data/file.doc | java -jar packages/tika-app-1.19.1.jar
    --html --encoding=utf-8 > data/wordfile.html
$ cat data/file.xls | java -jar packages/tika-app-1.19.1.jar
    --html --encoding=utf-8 > data/excelfile.html
```

　コマンドの`--html`の部分を`--text`に変更すると、そのままテキストを取り出すことができます。もしHTMLタグの情報が必要ない場合は、こちらのほうが楽でしょう。

```
$ cat data/file.pdf | java -jar packages/tika-app-1.19.1.jar
    --text --encoding=utf-8 > data/pdffile.txt
```

おわりに

　本書では、あまり理論的な側面や精度にはこだわらず、とにかく自然言語処理を動かしてみるという観点で進んできました。

　ぜひ、本書で学んだことを生かし、身の回りのテキストデータを使って、アプリを作ってほしいと思っています。

　本書では、「プログラムを作って動かしながら」にしては、かなりたくさんの概念を扱ってきました。途中は若干無理やり進んだ部分や、説明が雑だったところもあったかと思います。しかし、「プログラムを動かしながら」ならではの、より踏み込んだ解説ができた部分もあると思います。

　今後は、他の書籍を読みながら、学習を深めていっていただければと思います。

本書で扱った概念とソフトウェア

　本書で扱った自然言語処理の概念を以下にまとめておきます。振り返りと、今後の学習の参考にしてください。

第2章
- スクレイピング
- 文字コード
- Unicode
- クレンジング

第4章
- 構文解析
- 形態素解析
- チャンキング、チャンク
- トークン
- 係り受け解析、係り受け構造、係り受け木
- 固有表現
- 文単位への分割

第5章
- アノテーション
- 正規表現
- 精度、Recall、Precision

第7章
- 単語の重要度
- TF-IDF
- 文書間の類似度
- 類似文書検索
- 言語モデル
- N-gram モデル
- クラスタリング
- LDA
- コサイン類似度

第8章
- 辞書
- エンティティ
- エンティティリンキング
- 語義曖昧性解消
- DBpedia
- RDF
- SPARQL
- WordNet、Synset
- Word2Vec

第9章
- 検索
- 転置インデックス
- 同義語展開

第10章
- テキスト分類
- 特徴量抽出
- 二値分類、多値分類
- ルールベース
- 機械学習
- 教師あり学習
- 学習データ
- Bag-of-Words
- SVM
- ディープラーニング
- LSTM

第11章
- 評判分析
- 極性辞書
- TRIE

第12章
- 情報抽出
- 関係抽出

第13章
- 系列ラベリング
- CRF

ソフトウェアやライブラリも、さまざまなものをインストールして使いました。振り返りのために、本書で用いたソフトウェアとライブラリのうち、自然言語処理に関連が深いものを下記にまとめます。

第2章

- nkf
- cchardet
- Beautiful Soup

第3章

- solr

第4章

- CRF++
- MeCab
- CaboCha

第6章

- brat

第7章

- sklearn
- nltk
- gensim

第8章

- sparqlwrapper

第10章

- chainer

　本書では、テキストデータや自然言語処理の結果のデータを管理するのに、アノテーションという方式を使っています。そしてさらに、そのアノテーションを検索エンジンから使えるようにしてきました。これにより、自然言語処理の結果の再利用性が高まり、自然言語処理による成果を積み重ねることができるようになります。

　ぜひ、自然言語処理のプログラムを書いて動かしたら、その結果をデータベースに書き込み、次の自然言語処理でその結果を再利用するということをプラクティスにしてください。

本書で扱わなかった内容

本書で扱えなかった話題としては、Learning to Rank、含意関係認識、質問応答システム、自動翻訳などが挙げられます。

Learning to Rankは、検索結果を重要度順に並び替えるための技術です。含意関係認識は、テキストAが、テキストBを意味的に含んでいるかどうかを判定する技術です。質問応答システムは、自然言語で質問した内容に対し、答えを返すシステムです。そして自動翻訳は、入力されたテキストを他の言語のテキストに変換する技術です。

これらは、学習データを作る手順が煩雑であったり、少量の学習データでは学習が安定しないなどの理由で、本書で扱うのをやめました。自動翻訳は、近年では、自分でシステムを作ることはなく、商用の汎用システムを利用するだけで済むという場面も増えてきました。またプログラムを動かしながら学ぶという構成上、照応解析や談話構造解析などの研究者向けの話題も取り扱うことができませんでした。

将来、書籍を執筆する機会があれば、工夫をしてこれらの話題も扱えればと思います。

参考書籍

今後、より深く自然言語処理を学んでいくために、以下の書籍を紹介します。

- 自然言語処理に関連する概念をより厳密に知りたい
    - 『自然言語処理の基本と技術』（奥野 陽、グラム・ニュービッグ、萩原 正人 著、小町 守 監修、イノウ 編集、翔泳社 刊）
- より本格的に学術的に自然言語処理を学びたい
    - 『統計的自然言語処理の基礎』（Christopher D. Manning、Hinrich Schütze 著、加藤 恒昭、菊井 玄一郎、林 良彦、森 辰則 訳、共立出版 刊）
- 学習理論を学びたい
    - 『言語処理のための機械学習入門』（高村 大也 著、奥村 学 監修、コロナ社 刊）
- ディープラーニングを学びたい
    - 『深層学習による自然言語処理』（坪井 祐太、海野 裕也、鈴木 潤 著、講談社 刊）

● 最後に

　著者は、自然言語処理では、テキストデータを見るのがとても大事なことだと思っています。どれだけ実際のテキストデータを見てきたかで、どれだけ上手に自然言語処理を使いこなせるかが決まる、という側面があるからです。

　テキストを見る際は、文単位がよいと思います。文単位でテキストを解析するプログラムを書いて動かして、どう上手くいくか、いかないかをよく分析してみましょう。

　または、ディープラーニング用の学習データを、いろいろ考えながら、自分でたくさん作ってみましょう。そういった中から、自然言語処理を上手く活用するヒントが得られると思います。

　それでは、今後も自然言語処理を楽しく学んでいってください！

索引

記号

記号	ページ
$	9
|	8, 23
>	8

A

項目	ページ
ACL	XV
ahocorapy ライブラリ	219
Aho-Corasick 法	219
Apache Tika	275
apt コマンド	8

B

項目	ページ
Bag-of-Words (BoW) 特徴量	190
Beautiful Soup	27
BOS	119
bottle ライブラリ	94
brat	86
Webアプリケーションへの組み込み	100
インストール	87
エラー	93
データ形式	90
データ読み込み	91

C

項目	ページ
CaboCha	52, 54
Python から呼び出す	62
インストール	56, 59
cchardet ライブラリ	24
cd コマンド	8
chainer ライブラリ	202
Coling	XV
cp コマンド	8
CRF (条件付き確率場)	56, 85, 258
概念図	259
CRF++	259
インストール	56
学習	264
出力のアノテーションへの変換	266
DBpedia	132
SPARQL エンドポイント	136

D

項目	ページ
decode 関数	23
Dependency Path	234

E

項目	ページ
encode 関数	23
EOS	119
Excel ファイル	275

G

項目	ページ
gensim ライブラリ	126

H

項目	ページ
HTML	
構造解析	27

I

項目	ページ
IOB タグ	259

J

項目	ページ
Java	
インストール	43

L

項目	ページ
LDA モデル	126
lemma	65
Linux	2
コマンド	8
ln コマンド	9

M

LSTM 201
ls コマンド 8

M

make コマンド 8
MeCab
　　インストール 58
　　頻出する品詞 61
mkdir コマンド 8
MoreLikeThis 117

N

NE (Named Entity) 65
N-gram
　　計算 121
N-gram モデル 119
nkf 23
nkf コマンド 8
nltk ライブラリ 121

O

one-vs-one 法 184
one-vs-rest 法 184
OSS (オープンソースソフトウェア) 2

P

PDF 275
pip 12
　　インストール 12
POS (Part-of-Speech) 65
Precision 80
Python2 89
Python3 2
　　インストール 13
　　インタラクティブモード 144

Q

QA (質問応答) 111

R

RDF トリプル 136
Recall 80
robots.txt 21

S

scikit-learn ライブラリ 112
Solr 32, 41, 158
　　MoreLikeThis 117
　　アノテーションの登録 165
　　インストール 42
　　クエリ 48
　　コア 44
　　ダイナミックフィールド 41
　　データの登録 45
　　転置インデックス 162
SPARQL 136
　　クエリ 138
sparqlwrapper ライブラリ 138
SQL 36
SQLite 32, 35
sqlite3 ライブラリ 36
StruAP 247
sudo コマンド 8
Synset 144

T

tar コマンド 8
TF-IDF 112
　　計算 112
Tregex 247
TRIE 218

U

Ubuntu 6
Unicode 22
unicodedata ライブラリ 29
URI 136
UTF-8 22

V

Vue.js 94

W

Web アプリケーション 94
　　brat の組み込み 100
　　HTML 96
　　Javascript 97
　　サーバーサイドのプログラム 94
　　デバッグ 99

wikiextractor	272
Wikipedia	16
ダンプデータ	272
Windows Subsystem for Linux (WSL)	3, 4
Word2Vec	132, 149
アナロジー計算	153
語の足し算・引き算	153
語の類似度	149
WordNet	132
Synset	144
下位語	148
上位語	147
Wordファイル	275
WSD（語義曖昧性解消）	133
WSL	4

ア行

アノテーション	68, 74, 86
CaboChaによる構文解析で現れた〜	77
データ構造	76
表示	86
フレームワーク	77
用途	75
アノテーションを使った検索	170, 177
意味付け	74
エンティティ	54, 133
エンティティリンキング	133
エンベディング	201
オープンソースソフトウェア（OSS）	2

カ行

下位語	148
係り受け解析	53
係り受け木	55
係り受け構造	55
解析	66
文節単位以外の表現	56
関係抽出	234
係り受け構造による〜	241
正規表現による〜	237
関係のアノテーション	236
キーワード	161
木構造に対するパターンマッチ	247
教師あり学習	189
学習	195
学習データの作成	192
学習フェーズ	190
分類フェーズ	190

教師なし学習	189
極性辞書	212
句構造解析	53
クラスタリング	126
クレンジング	17, 28
形態素解析	53, 58
系列ラベリング	257
用途	258
言語モデル	119
N-gram	119
検索	158
アノテーションによる〜	170, 177
キーワード	161
同義語展開	175
文書単位	168
検索エンジン	32
構文解析	52
用途	54
コーパス	112
語義曖昧性解消	133
コサイン類似度	115
コマンド	8
補完機能	8

サ行

辞書	132, 212
極性〜	212
特徴量抽出	214
辞書内語句マッチ	218
自然言語	XIII
自然言語処理	XIII
フェーズ	XIII
質問応答（QA）	111
シフトJIS	23
上位語	147
条件付き確率	120
条件付き確率場	56
情報抽出	232
用途	235
スクレイピング	18
正規表現	78
代表的な記法	79
メリット・デメリット	78
精度	XIV, 80
指標	80
線形SVM	190
素性	183

タ行

多値分類 184
単語
    重要度 111
    出現頻度 110
知識データ 132
チャンキング 53
チャンク 63
ディープラーニング 200
データベース 32
    データの格納 38
    テーブルの作成 36
    内容確認 40
    メリット 33
テキストデータ
    解析 XIV
    教師あり学習による分類 189
    クラスタリング 126
    クレンジング 17, 28
    検索 158
    収集 16
    抽出 26
    ディープラーニングを使った分類 200
    特徴量 183
    分類 180
    ルールベースの分類 184
テキストマイニング 110
転置インデックス 162
同義語 144
同義語展開 175
トークン 63
特徴量 183
特徴量抽出 183
    辞書を使った〜 214

ナ行

二値分類 184
日本語らしさ 123

ハ行

評判分析 212
    教師あり学習 222
プロキシ
    〜が設置されている場合 11
    存在時のための簡易コマンド 12
文書単位の検索 168

文節 53, 55
    修飾関係 55
分布仮説 149
文脈 149
分類
    ルールベース 184
分類器 180
ボキャブラリ 191

マ行

文字コード 17, 22
    UTF-8 22
    推定 24
    変換の指針 22
文字列データ
    Python2と3の違い 22

ラ行

類似度 115, 141
類似文書検索 115
ルールベースの分類 184

謝辞

　小林義行さん、今一修さん、森本康嗣さんには、本書をレビューいただき、技術的な観点で問題がないか確認いただきました。感謝申し上げます。また、ソースコードのレビューおよび動作確認をしていただいた木下剛さん、森下皓文さんに感謝申し上げます。

　本書ではさまざまなオープンソースソフトウェア、ライブラリ、公開データを使って、自然言語処理の説明をしています。これらのソフトウェアやデータの開発者の方々に感謝申し上げます。以下を、参考文献として挙げさせていただきます。

- 工藤 拓、松本 裕治：チャンキングの段階適用による日本語係り受け解析、情報処理学会論文誌、Vol.43、No.6, 2002

- Taku Kudo, Yuji Matsumoto, Japanese Dependency Analysis using Cascaded Chunking, CoNLL 2002: Proceedings of the 6th Conference on Natural Language Learning 2002 (COLING 2002 Post-Conference Workshops), (2002)

- Hitoshi Isahara, Francis Bond, Kiyotaka Uchimoto, Masao Utiyama and Kyoko Kanzaki, Development of Japanese WordNet, LREC-2008, (2008)

- Bird, Steven, Edward Loper and Ewan Klein, Natural Language Processing with Python, O'Reilly Media Inc, (2009)

- Radim Rehurek and Petr Sojka：Software Framework for Topic Modelling with Large Corpora, Proceedings of the LREC 2010 Workshop on New Challenges for NLP Frameworks, (2010)

- Pontus Stenetorp, Sampo Pyysalo, Goran Topić, Tomoko Ohta, Sophia Ananiadou and Jun'ichi Tsujii, brat: a Web-based Tool for NLP-Assisted Text Annotation, Proceedings of the Demonstrations Session at EACL 2012, (2012)

- Pedregosa et al., Scikit-learn: Machine Learning in Python, JMLR 12, pp. 2825-2830, (2011)

- Fumihiro Kato, Hideaki Takeda, Seiji Koide and Ikki Ohmukai, Building DBpedia japanese and linked data cloud in japanese, 1192. 1-11, (2013)

- Tokui, S., Oono, K., Hido, S. and Clayton, J., Chainer: a Next-Generation Open Source Framework for Deep Learning, Proceedings of Workshop on Machine Learning Systems(LearningSys) in The Twenty-ninth Annual Conference on Neural Information Processing Systems (NIPS), (2015)
- 小林のぞみ，乾健太郎，松本裕治，立石健二，福島俊一：意見抽出のための評価表現の収集. 自然言語処理，Vol.12，No.3，pp.203-222，2005
- 東山昌彦，乾健太郎，松本裕治：述語の選択選好性に着目した名詞評価極性の獲得，言語処理学会第14回年次大会論文集，pp.584-587，2008

著者プロフィール

柳井 孝介（やない・こうすけ）
2001 年、東京大学 工学部 電子情報工学科卒業。
2006 年、同大学院 新領域創成科学研究科 基盤情報学専攻 博士課程修了。博士（科学）。
同年、日立製作所 中央研究所に入所。2011 年より 2 年半の間、インドに在住。日立インドラボの開設に従事。
現在、日立製作所 研究開発グループに所属。
遺伝的プログラミング、複雑系、画像認識、大規模データ処理、機械学習、自然言語処理などの研究に従事。
進化システムおよび人工知能基礎原理に興味を持つ。

庄司 美沙（しょうじ・みさ）
自然言語処理などの研究に従事。

はじめに自然言語があった。これはたくさんの技術者を混乱させた。良くないものであるという見解が大方である。

装丁・本文デザイン	轟木 亜紀子（株式会社 トップスタジオ）
DTP	BUCH⁺
編集	山本 智史

Python で動かして学ぶ 自然言語処理入門

2019 年 1 月 23 日　初版第 1 刷発行
2019 年 2 月 25 日　初版第 2 刷発行

著者	柳井 孝介（やない・こうすけ）	
	庄司 美沙（しょうじ・みさ）	
発行人	佐々木 幹夫	
発行所	株式会社 翔泳社（https://www.shoeisha.co.jp）	
印刷・製本	日経印刷 株式会社	

©2019 Kohsuke Yanai/Misa Shoji

●本書は著作権法上の保護を受けています。本書の一部または全部について（ソフトウェアおよびプログラムを含む）、株式会社 翔泳社から文書による許諾を得ずに、いかなる方法においても無断で複写、複製することは禁じられています。
●本書へのお問い合わせについては、II ページに記載の内容をお読みください。
●造本には細心の注意を払っておりますが、万一、乱丁（ページの順序違い）や落丁（ページの抜け）がございましたら、お取り替えいたします。03-5362-3705 までご連絡ください。

ISBN978-4-7981-5666-8　　Printed in Japan